滿足視覺享受，豐富味蕾需求。新便當選擇！

窈窕健美輕蔬食

Box Food

田中美奈子

瑞昇文化

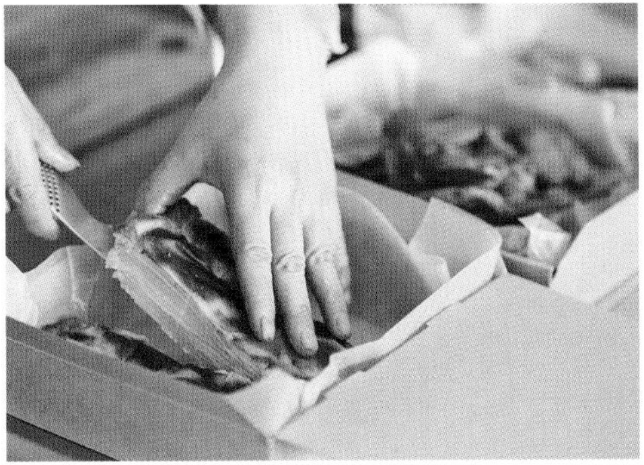

INTRODUCTION

我的工作，是為雜誌的攝影現場或服裝展示會提供料理。

我會先詢問模特兒們在飲食上的喜好，調整菜單，以免和過去曾上桌的料理重複，或是把之前被誇獎「這個很好吃！」的食物加以變化後，再重新上桌。因為模特兒們的工作過程非常緊繃，所以我會希望在能稍微鬆一口氣的午餐時間，端出看起來賞心悅目，讓大家下午工作時也會帶有衝勁的料理。這時要多費心的，就是味道必須有各種變化，顏色則是要明亮鮮豔。當然，還有總能讓人放心品嘗的滋味。

雖然要製作這樣的餐點可不簡單，但當然也沒有各位想像的那麼困難。本書包含了我最自豪的醬料、透過當季蔬菜變化料理氛圍的基本菜單、以及用蔬菜精心烹煮的自製備料。正因為有這許許多多的小巧思，讓我無論接到多大量的外燴訂單，都能輕鬆搞定。我就是以這樣的方式，在外燴之路上培養能輕鬆做出美味料理與餐盒的技巧。接著，就讓我把這些不曾公開的內容，連同珍藏的菜單一起分享給各位吧。

CONTENTS

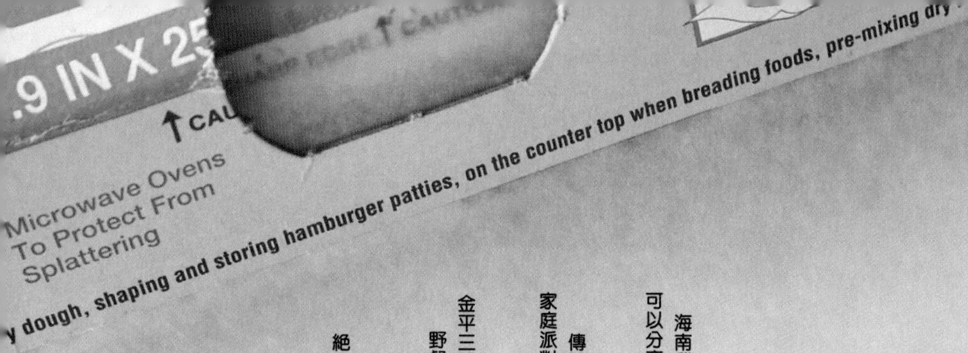

◎1小匙的量約莫為5ml，1大匙的量則為15ml左右。
◎使用600W的微波爐。
◎所有食材皆須放涼後再擺入餐盒中。
請視配送或季節需求使用保冷劑。

提供外燴料理時，

讓菜餚美味、賞心悅目，製作起來又輕鬆的7個訣竅

外燴，必須在上午有限的時間內，一口氣完成多道菜餚。
只要專注在其中，就能讓餐點吃起來更美味、看起來也會更美麗。

TECHNIQUE 1

既簡單，又輕鬆

說到豪華的外燴料理，總會讓人以為需要特別的食材或技巧。不過我的料理其實都只用能輕鬆取得的材料，各位看過書中內容後甚至會發現，就連步驟也非常簡單呢！

TECHNIQUE 2

用「顏色」來思考菜餚

紅色、黃色、綠色，偶爾再配點白色，以顏色為主軸來思考料理的話，就能變身成視覺上也充滿趣味的餐盒。把白蘿蔔改成紅心白蘿蔔，有時再利用蔬菜的綠色點綴，為料理帶來漸層變化……好好發揮這些巧思吧。

TECHNIQUE 3

手工「醬料」大放異彩

比起常備菜，醬料反而更能多方應用。無論是風味濃郁、清爽，還是內含大量蔬菜，我都會準備各種不同風格的醬料。醬料是非常強大的存在，能將一道菜餚變化出多種享受。另外，感覺「味道似乎不太夠」的時候，可以選擇加點青蔥、香草、芝麻或黑胡椒。就算是食譜上沒有列出的材料，各位也是可以相信自己的直覺，大膽地添加嘗試。

TECHNIQUE 4

香草是蔬菜

香草的任務其實不是負責增添顏色。與其說增添風味，我們反而是可以站在品嘗蔬菜的思維，享受香草那豐富的口感及本身的滋味。光是這樣就能讓平凡的菜餚變得格外精緻呢。

TECHNIQUE 5

秘訣在於些微的「差異」

稍微加強照燒的甜味，再把洋蔥換成蕗蕎。甚至是把日式的金平牛蒡夾入三明治裡、將芝麻拌入酪梨中。只要掌握這些許的「差異」，就能呈現出嶄新的美味。

TECHNIQUE 6

備好「美味元素」

將多餘的蔬菜做成「炒蔬菜」，或是簡單滷過的「鹽麴滷南瓜」，知道許多能注入變化的「美味元素」後，料理起來就會很方便。即便是從頭開始製作很耗時費工的菜餚，也能輕鬆上桌呢。

TECHNIQUE 7

隨心所欲做替換

可以把菜餚加以替換。無論做怎樣的搭配組合，我都秉持著一定要充滿時尚感。隨心所欲地擺入想吃的食物，如果能讓色彩更加協調，餐盒也會很不可思議地變得更充滿自我風格，同時更加美味。

BOX FOOD_1

豆腐漢堡排＆豆飯健康餐盒

MENU

1. 結晶鹽風味．素炸獅子唐青椒
2. 青豆仁炊飯
3. 豆腐雞肉漢堡排
4. 馬鈴薯泥
5. 糖醋滷蛋
6. 日式炸牛蒡

當我接到「餐點內容要走健康風」的需求時，登場的就會是以豆腐漢堡排為主角的餐盒。如果正值春天，還會佐上加入大量青豆仁炊煮而成的豆飯。膨鬆輕柔的口感中，卻又帶有紮實的滿足感，這一切都是多虧了以鮮奶油為基底的點綴用醬料。會選擇簡單調味馬鈴薯泥、素炸獅子唐青椒、日式炸牛蒡、以及其他菜餚的目的，在於希望品嘗者能感受到食材既有的風味外，也期待他們在用餐過程中能佐上醬料，享受味道的變化。對了！會在獅子唐青椒撒上結晶鹽不只是為了調味，其實更希望品嘗者能享受到鹽粒的脆硬口感。認真說來，結晶鹽之於我已經超越了調味料，它的存在感覺更像是一種食材呢。

P.18 ⊲⋯⋯ ／ 變化版食譜、糖醋滷蛋 ／
P.16 ⊲⋯⋯ ／ 不同風味版食譜、漢堡排醬料 ／

青豆仁炊飯

RECIPE 2. of the BOX FOOD

（材料）2～3人份

青豆仁（從豆莢取出）80g／米 2杯／酒 1大匙／鹽 1小匙

（作法）

1. 放入稍微洗過的青豆仁。
2. 將洗好的米放入電子鍋，加入2杯米所需的水量。倒入酒、鹽、1，稍作攪拌後，加熱烹煮。

豆腐雞肉漢堡排

RECIPE 3. of the BOX FOOD

（材料）8顆份

A
- 木棉豆腐（水瀝掉）1塊（豆腐淨重350g）
- 雞絞肉 200g／大蔥切蔥花 1支份
- 薑泥 1瓣份／
- 蛋液 1顆／麵包粉 4大匙
- 雞湯粉 1小匙

沙拉油 1大匙

特製芥末醬：鮮奶油醬（參照P.16）6大匙、
黃芥末醬 2大匙

（作法）

1. A放入料理盆，充分攪拌直到產生黏性。
   分成8等份並揉圓。
2. 沙拉油倒入平底鍋加熱，
   以中火熱煎1的正反兩面，中間熟透後即可起鍋。
3. 用餐巾紙擦拭2平底鍋的油垢，
   倒入醬料的材料，以小火加熱至變濃稠後，澆淋於2上。

＊煎好的漢堡排可冷凍保存3週（不包含醬料）。

結晶鹽風味・素炸獅子唐青椒

（材料）2人份

獅子唐青椒 10根／
結晶鹽（如馬爾頓天然海鹽）、炸油 各適量

（作法）

1. 用竹籤將獅子唐青椒刺出數個小洞。
2. 放入180℃的油中迅速素炸，
   直到1的邊緣變白，撒鹽。

RECIPE 1. of the BOX FOOD

RECIPE 6. of the BOX FOOD

日式炸牛蒡

（材料）2人份

牛蒡 1支／太白粉、炸油 各適量

A ｜ 薑泥、蒜泥 各少許
　 ｜ 醬油、酒 各2大匙

（作法）

1. 稍微洗掉牛蒡的髒汙後，
   斜切成5mm厚的薄片，接著再浸水10分鐘左右。
2. 把A倒入夾鏈袋，加入瀝乾水的1，
   靜置約30分鐘，讓牛蒡入味。
3. 瀝掉2的湯汁，抹上太白粉，
   以180℃的熱油炸3～4分鐘。

RECIPE 4. of the BOX FOOD

馬鈴薯泥

（材料）容易製作的份量

馬鈴薯 中4顆／黑胡椒 少許

A ｜ 無鹽奶油 20g
　 ｜ 鮮奶油 100g／鹽 1/4小匙

（作法）

1. 將整顆馬鈴薯連皮放入鍋中，
   加入大量的水，以中火汆燙至變軟。
2. 倒掉1的熱水，趁馬鈴薯還會燙的時候
   剝皮並放回鍋中。以小火加熱，邊搗碎邊讓水分蒸發。
   加入A攪拌後，撒點胡椒。

＊可存放冰箱冷藏3天。

RECIPE 5. of the BOX FOOD

糖醋滷蛋

（材料）容易製作的份量

水煮蛋 6顆

A ｜ 醬油 6大匙／米醋 4大匙
　 ｜ 三溫糖 2大匙

（作法）

1. A放入鍋中，開火加熱讓糖融化。
   放涼至不燙手的溫度後，倒入塑膠袋。
2. 將剝好殼的水煮蛋放入1浸泡30分鐘左右。

＊可存放冰箱冷藏3天。

不同風味版食譜

漢堡排醬料

光是醬料便能讓味道及視覺帶來鮮明的變化。
還有一個很讓人開心的重點，那就是可以用特製番茄醬搭配青醬、鮮奶油醬搭配特製番茄醬，不同的醬料相混後更是美味呢。

鮮奶油醬

（材料）容易製作的份量
鮮奶油200ml／白酒 2大匙／雞湯粉 1小匙

（作法）
材料放入鍋中，以小火加熱到稍微變濃稠。

*可存放冰箱冷藏3天、冷凍1個月。 *左邊照片中，最右邊是添加了特製番茄醬的鮮奶油醬。

茼蒿青醬

（材料）容易製作的份量
茼蒿葉 1把份／松子 20g／大蒜 1瓣／起司粉 4大匙
鹽 2～3小匙／橄欖油 100ml

（作法）
將所有材料放入調理機打成泥狀。

*可存放冰箱冷藏1週、冷凍1個月。

特製番茄醬

（材料）容易製作的份量
番茄罐頭（切丁）S2罐（400g×2）／洋蔥丁 1／2顆份
芹菜丁 1／2支／蒜末 1瓣
羅勒葉 2片／鹽 適量／橄欖油 1大匙

（作法）
1. 將橄欖油與蒜末倒入平底鍋，以小火加熱。飄出香氣後，再放入洋蔥與芹菜，撒鹽，繼續炒到變透明。
2. 把番茄、羅勒加入1，以小火燉煮到份量減半。

*可存放冰箱冷藏1週、冷凍1個月。

變化版食譜

糖醋滷蛋

擁有強烈白×黃顏色對比的雞蛋，總能成為可愛的點綴。
既然已充分調味，要直接做成三明治也行，
當然還可以成為馬鈴薯沙拉的味道關鍵，作為飯糰的餡料同樣能發揮得宜。

午餐肉飯糰

（材料）2個份

午餐肉 5㎜片狀 1片／白飯 120g／糖醋滷蛋 1顆／糖醋滷蛋切片（裝飾用）1片

（作法）

1. 用平底鍋將午餐肉煎到熟度剛好後切半。滷蛋同樣要切半。
2. 滷蛋包入白飯裡，捏成方形的飯糰。
3. 將午餐肉放上保鮮膜，接著擺上2，連同保鮮膜一起捏塑形狀。拆開保鮮膜，再擺上切半的裝飾用滷蛋切片。

滷蛋五香粉三明治

（材料）2個份

糖醋滷蛋 2顆／五香粉 少許／口袋麵包 2個／美乃滋 2小匙
生菜 2片／香菜 適量

（作法）

麵包抹上美乃滋，夾入餡料，撒上五香粉。

馬鈴薯沙拉

（材料）容易製作的份量

馬鈴薯 4顆／美乃滋 3大匙／糖醋滷蛋 2顆

（作法）

1. 馬鈴薯削皮後，切成適口大小，放入鍋中，添加大量的水。接著加入1撮鹽（份量外），汆燙至變軟。用篩子瀝乾水分後，再放回鍋中。
2. 將1的鍋子以小火加熱，讓水分蒸發後，移至料理盆。加入美乃滋拌勻，接著放入切成半月形的滷蛋，稍作混拌。

＊可存放冰箱冷藏3天。

BOX FOOD_2

有韓式煎餅！
要拌過之後再品嘗的韓式餐盒

MENU

1. 韓式拌飯
2. 辣炒豬五花
3. 番茄炒蛋
4. 香蔥煎餅

當客戶要求「總之就是要吃到蔬菜！」時，我就會端出有著各種涼拌菜的韓式拌飯。這次使用的蔬菜有茼蒿、甜椒、胡蘿蔔，不過涼拌菜有個很厲害的地方，那就是只要是常見的蔬菜，基本上做起來都會很美味。如果是用油菜花、白蘿蔔等季節性蔬菜來製作，就算食譜作法相同，還是能品嘗到季節帶來的味道變化，吃了也不會覺得膩。在柔和的蔬菜風味中，負責扮演畫龍點睛角色的，是能夠嘗到韓式辣椒醬滋味的辣炒豬五花。接著當各位以為韓式拌飯就要用荷包蛋來搭配的時候……我刻意改用成番茄炒蛋。膨鬆口感與番茄酸味營造出輕盈的表現。最後再加入有點像是隨餐附贈的韓式煎餅。只要加了這類有使用到一些粉類的菜餚，總會讓人感到開心呢。

P.24 ⇠ / 變化版食譜、韓式飯捲 /

RECIPE 1. of the BOX FOOD

韓式拌飯

（材料）2人份

胡蘿蔔細絲 1/2根／茼蒿 1/2把／甜椒（紅、黃）細條 各1/2顆
韓國海苔（5×9cm）6片／雞湯粉 1/4小匙／鹽、芝麻油 各適量
白飯 300g／韓式辣椒醬 2小匙／紅辣椒絲、白芝麻 各適量

（作法）

1. 讓茼蒿的菜梗先入熱水，加點鹽稍作汆燙。
起鍋後再稍微浸水，捏乾湯汁，切成3～4cm的長度。
加入雞湯粉與芝麻油拌勻，再撒點芝麻。
2. 胡蘿蔔及甜椒各自用少許的鹽和芝麻油拌和。
3. 在白飯擺上1、2、韓國海苔、紅辣椒絲，撒點芝麻，
最後佐上韓式辣椒醬。

辣炒豬五花

（材料）2人份

豬五花碎肉片 200g／蒜末 1瓣份
鹽、黑胡椒 各少許／芝麻油 1大匙

A ｜ 韓式辣椒醬、醬油、酒、味醂 各1大匙／三溫糖 1小匙

（作法）

1. 豬肉切成1cm寬。
2. 將芝麻油與蒜末倒入平底鍋，以小火加熱。
飄出香氣後再加入1，接著撒點鹽、胡椒，煎到熟度剛好。
3. 在2倒入混合好的A，繼續拌勻。

RECIPE 2. of the BOX FOOD

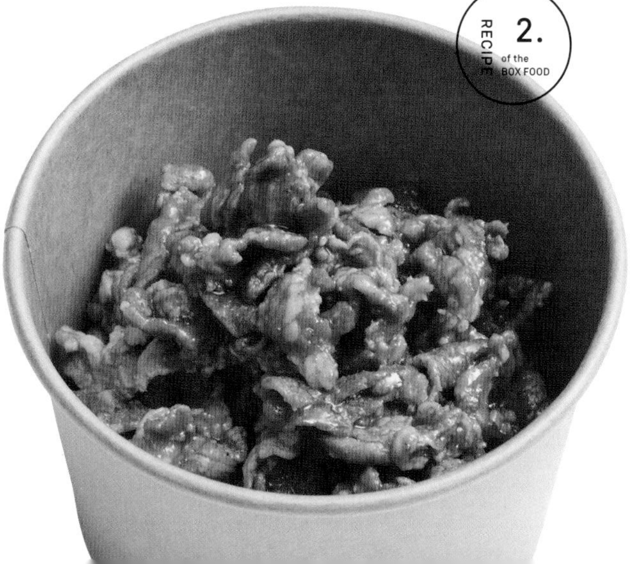

香蔥煎餅

（材料）1片份

青蔥 1/2支／沙拉油 1大匙

A ｜ 上新粉、低筋麵粉 各2大匙／雞蛋 1顆／芝麻油、白芝麻 各1小匙
雞湯粉 1/2小匙／醬油 少許

醬汁：醬油、醋 各1大匙、辣油 適量

（作法）

1. 將A拌勻，加入切成6等分的蔥段。
2. 將沙拉油倒入直徑20cm左右的平底鍋加熱，接著倒入1，以中火將兩面煎出漂亮顏色。依喜好淋上醬汁。

RECIPE 4. of the BOX FOOD

RECIPE 3. of the BOX FOOD

番茄炒蛋

（材料）2人份

切成半月形的番茄 1顆份／雞蛋 2顆／蔥花 1支份
雞湯粉 1小匙／沙拉油 2大匙

（作法）

1. 將雞蛋、雞湯粉倒入料理盆，以打蛋器攪拌至滑順。
2. 在平底鍋加入1小匙沙拉油加熱，以中火烹炒番茄。
   番茄邊緣變軟後，取出備用。
3. 用餐巾紙擦拭2平底鍋的油垢，倒入剩下的沙拉油，
   以中火加熱後，倒入1。
   用料理筷大幅度攪拌，加熱至半熟後，再倒入2，
   繼續大幅度攪拌，讓成品變得膨鬆，最後撒上蔥花。

變化版食譜

加入韓式拌飯的涼拌菜和辣炒豬五花

韓式飯捲

只需把韓國風味的菜餚捲入白飯裡，就能做成顏色繽紛的韓式飯捲！
大口塞入嘴巴，讓蔬菜的美味、辣炒豬肉
以及香氣馥郁的芝麻風味整個擴散開來。

韓式飯捲

（材料）2條份

韓式拌飯用涼拌菜（2~3種）各50g
辣炒豬五花 50g／香烤海苔（大片）2片／白芝麻 適量
日式煎蛋：雞蛋 4顆／鹽 少許／沙拉油 1大匙
A — 白飯 300g／白芝麻 適量／鹽 1/4小匙／芝麻油 1小匙

（作法）

1. 製作日式煎蛋。雞蛋打散，加鹽。
在直徑20cm左右的平底鍋或煎蛋器倒入沙拉油，
加熱後倒入蛋液，以小火充分熱煎兩面。
切成單邊約1cm的條狀。
2. 拌勻A。
3. 在壽司竹簾擺上1片香烤海苔。
將一半的2鋪平於海苔上，海苔末端要保留1.5cm左右，不要鋪飯。
接著鋪上1、涼拌菜、豬肉各一半的分量，從手邊處開始往前捲。
另1條也用相同方式製作。
切成容易品嘗的大小後，撒上芝麻。

BOX FOOD_3

招牌日式炸雞&每日小菜薑炊飯餐盒

MENU

1. 薑炊飯
2. 日式炸雞
3. 鯷魚馬鈴薯沙拉
4. 醃小松菜
5. 玉米歐姆蛋
6. 鹽麴滷南瓜

餐盒最受歡迎的前三項菜餚裡，肯定會有日式炸雞。我總會想說要做點別出心裁的變化……可是到頭來卻發現，原來大家吃到津津有味，下次還想再品嘗的原因，其實就是那最原始簡單的調味。於是，我決定在配菜的部分下足功夫，讓配菜看起來既平常，又不太一樣。要讓品嘗者開心地享用完整個餐盒的秘訣，在於吃了會讓人感到舒心的「常見配菜」，以及充滿自我風格的「嶄新配菜」兩者間的協調表現。也因為如此，這裡搭配上風味較辛嗆的薑飯，馬鈴薯沙拉則以充滿成熟風味的鯷魚調味。醃菜使用了大量檸檬，效果讓人出乎意料。如果要品嘗到甜味，那就必須來口鬆軟的鹽麴滷南瓜。玉米歐姆蛋充滿絕妙無比的兒童滋味，更是隱藏版的人氣料理。

P.30 ←…… / 變化版食譜、鹽麴滷南瓜 / ……

日式炸雞

（材料）2人份

雞腿肉 400g／太白粉 4大匙
炸油 適量

A｜薑泥、蒜泥 各1瓣份
醬油 2大匙／酒 1大匙

（作法）

1. 雞肉切成適口大小，浸在A醃漬30分鐘以上。
2. 留下約1大匙1的醬汁，其餘倒掉。
3. 雞肉裹上太白粉，以180℃的熱油炸3～4分鐘。

RECIPE 2. of the BOX FOOD

薑炊飯

（材料）容易製作的份量

薑 100g／米 2杯／日式白高湯 4大匙／酒 1大匙

（作法）

1. 薑充分洗淨，帶皮切成細絲。
2. 將洗好的米放入電子鍋，加入2杯米所需的水量。倒入1、日式白高湯、酒，稍作攪拌後，加熱烹煮。

RECIPE 1. of the BOX FOOD

RECIPE 3. of the BOX FOOD

鯷魚馬鈴薯沙拉

（材料）2人份

馬鈴薯（五月皇后）4顆／油漬鯷魚菲力 4片／美乃滋 4大匙
巴西利碎末 少許

（作法）

1. 將整顆馬鈴薯連皮放入鍋中，加入大量的水，汆燙至變軟。趁馬鈴薯還會燙的時候剝皮，接著切成小塊。
2. 用菜刀剁碎鯷魚菲力，與美乃滋拌勻後，和入1裡頭，最後再撒點香芹碎末。

RECIPE 4. of the BOX FOOD

鹽麴滷南瓜

（材料）2人份

南瓜 大1/4顆（400～500g）／鹽麴 2大匙

（作法）

1. 南瓜切成較大塊的適口大小，將邊緣削成圓弧狀。
2. 將南瓜皮朝下擺入鍋中，加入鹽麴。加入差不多要蓋過食材的水量，蓋上鍋蓋，以中火加熱。
3. 南瓜變軟後，便可拿起鍋蓋。接著轉大火，邊搖晃鍋子，邊讓水分蒸發。

＊可存放冰箱冷藏3天。

RECIPE 6. of the BOX FOOD

醃小松菜

（材料）容易製作的份量

小松菜 1把

A | 日式白高湯 3大匙／檸檬汁 2大匙
檸檬切片 4片

（作法）

1. 小松菜汆燙後，切成4cm長。
2. 放入混合好的A中，醃漬5分鐘左右。

玉米歐姆蛋

（材料）容易製作的份量

玉米粒罐頭 1罐（200g）／橄欖油 1大匙
黑胡椒 少許

A | 蛋液 5顆份／牛奶 2小匙／雞湯粉 1小匙

（作法）

1. 混合A，並加入瀝掉水分的玉米粒。
2. 將橄欖油倒入平底鍋，以稍強的中火加熱。接著倒入1，用料理筷大幅度攪拌，加熱至半熟後將火侯轉弱，熱煎3分鐘左右。
3. 用大盤子蓋住2的平底鍋，翻面倒出歐姆蛋。再將歐姆蛋放回平底鍋，另一面同樣熱煎3分鐘。起鍋後撒點胡椒。

RECIPE 5. of the BOX FOOD

變化版食譜

鹽麴滷南瓜

直接品嘗時，會是充滿柔和風味的日式滷物。
擺上奶油的話，能享受到西式美味，搗成泥則能做成可樂餅或焗烤。
鹽麴滷南瓜就是如此變化多端，也是讓人想多做點備用的菜餚。

奶油風味鹽麴南瓜

（材料）容易製作的份量

鹽麴滷南瓜 ２００ｇ／奶油 １大匙／黑胡椒 少許

（作法）

將鹽麴滷南瓜加熱，擺上奶油使其融化。最後再撒點胡椒。

鹽麴南瓜可樂餅

（材料）容易製作的份量

A ─ 鹽麴滷南瓜 ３００ｇ／炸洋蔥（市售）、起司粉 各20ｇ／綜合堅果 30ｇ

B ─ 麵包粉 50ｇ／沙拉油 ３大匙

（作法）

1. 將B混合，倒入平底鍋以中火乾煎。
2. 將A放入料理盆，用叉子稍作壓碎混合，揉成大一點的適口大小後，裹上１。

鹽麴風味焗烤南瓜

（材料）容易製作的份量

A ─ 鹽麴滷南瓜 ４００ｇ／鮮奶油醬（參照P.16）40ｇ

B ─ 披薩用起司 40ｇ／起司粉 適量

巴西利碎末 少許

（作法）

1. 將A放入料理盆，用叉子稍作壓碎混合。
2. 將１放入耐熱容器，撒上B，以烤箱烘烤至變色，最後再撒點香芹碎末。

BOX FOOD_4

雞肉蔬菜乾咖哩餐盒

MENU

1. 雞肉蔬菜乾咖哩
2. 坦督里烤雞
3. 蒔蘿風味小黃瓜優格沙拉
4. 芝麻拌酪梨
5. 孜然風味乾煸胡蘿蔔

這份餐盒的主菜是用了許多蔬菜的乾咖哩。只要有常備的「炒蔬菜」，和雞絞肉迅速拌炒過後，再稍微燉煮一下，就能立刻變成毫不費工夫的驚艷料理。和乾咖哩搭配的是份量滿點的乾煸胡蘿蔔。不要切成小塊，直接慢火煎熟，除了帶有鬆軟口感外，甜味更扮演著襯托的效果。再品嘗了幾道辣味料理後，總會想來點解膩的小菜。首先登場的是和洋折衷的一道，以口感滑順的酪梨，混合帶有微甜滋味的芝麻製成。為了注入更多的清爽口感，餐盒裡還準備了蒔蘿風味的小黃瓜優格沙拉。靈感是來自會使用希臘優格的「Tzatziki」希臘黃瓜優格醬。蒔蘿的香味清新，和咖哩拌在一起品嘗的話，風味更是絕妙無比。

P.36 ←…… / 多做點備用！炒蔬菜 /

雞肉蔬菜乾咖哩

（材料）容易製作的份量

雞絞肉 150g／蒜末、薑末 各1瓣份／橄欖油 1大匙
白飯、荷包蛋、炸洋蔥 各適量

A
炒蔬菜丁（參照P.36）150g／小番茄 5顆／咖哩粉 3大匙
Garam masala印度香料、孜然、芫荽 各1小匙／特製番茄醬（參照P.16）3大匙
番茄醬、伍斯特醬 各2大匙／醬油、蜂蜜 各1/2大匙

（作法）

1. 把橄欖油、蒜末、薑末倒入鍋中，以小火加熱。
飄出香氣後，再加入絞肉拌炒。
2. 加入A，以小火燉煮20分鐘左右。
3. 將白飯盛入便當盒，倒上2，再擺放荷包蛋與炸洋蔥。

RECIPE 1. of the BOX FOOD

RECIPE 2. of the BOX FOOD

坦督里烤雞

（材料）2人份

雞腿肉 2塊（約500g）／鹽 1/3小匙／黑胡椒 少許
橄欖油 1大匙／檸檬 適量

A
蒜泥 1瓣份／原味優格 4大匙
咖哩粉、番茄醬、橄欖油 各1大匙
醬油 1/2大匙／紅椒粉 少許

（作法）

1. 將雞肉分別切半，塗抹鹽、胡椒。
2. 拌勻A，倒入夾鏈袋。
接著放入1，搓 揉後，靜置30分鐘以上。
3. 橄欖油倒入平底鍋加熱，
以較弱的中火從雞皮開始煎2，煎到變色後翻面，
蓋上鍋蓋，繼續煎5分鐘。品嘗時再擠點檸檬汁。

孜然風味乾煸胡蘿蔔

（材料）容易製作的份量

胡蘿蔔（細條）2根／孜然籽 1/3大匙
鹽 少許／橄欖油 2大匙

（作法）

1. 胡蘿蔔連皮對半縱切，撒鹽。
2. 將一半的橄欖油倒入平底鍋，以小火加熱。
   將1的切面朝下，慢火煎至能用竹籤
   輕鬆插穿的軟度（中途要翻面）後取出。
3. 取出2後，將平底鍋放在濕毛巾上降溫。
   倒入剩餘的橄欖油及孜然籽，接著以小火加熱，
   飄出香氣後，澆淋在胡蘿蔔上。

RECIPE 5. of the BOX FOOD

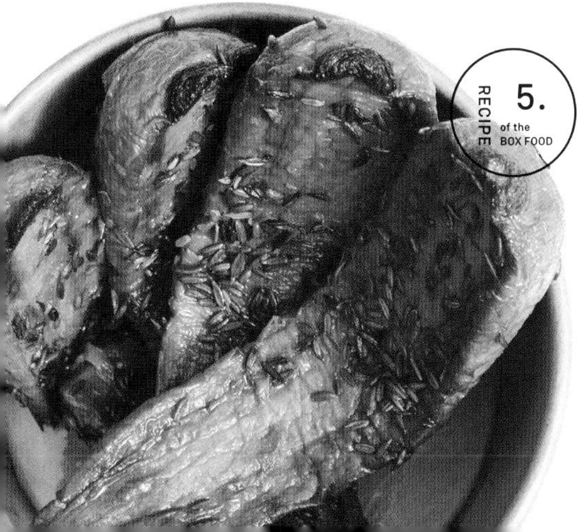

蒔蘿風味小黃瓜優格沙拉

RECIPE 3. of the BOX FOOD

（材料）2人份　小黃瓜 3條／鹽 適量

A　蒔蘿切小段 1/3盒份
　　原味優格 4大匙／美乃滋 3大匙

（作法）

1. 小黃瓜用削皮刀去皮後，
   切成適口大小。
   撒鹽，靜置片刻後，
   充分瀝掉水分。
2. 混合A，接著拌入1。

RECIPE 4. of the BOX FOOD

芝麻拌酪梨

（材料）2人份

酪梨 2顆

A　醬油 1大匙
　　三溫糖、白芝麻、白芝麻粉 各10g

（作法）

1. 將A放入料理盆拌勻。
2. 酪梨去皮，
   切成小塊後，再與1拌勻。

多做點備用！

炒蔬菜

炒蔬菜多了股經過慢火烹煮後才有的滋味。
要用時再製作的話既耗時又費工，
先做些起來存放才是正解。
可以用剩餘的蔬菜自由搭配。

炒蔬菜丁

（材料）容易製作的份量

洋蔥、甜椒 各2顆／芹菜、胡蘿蔔 各1根
綠花椰 1朵／金針菇 1盒／鹽、黑胡椒 各少許
橄欖油 3大匙

（作法）

1. 將所有的蔬菜與金針菇切細丁。
2. 橄欖油倒入平底鍋加熱，
加入1，接著撒鹽、胡椒，
以較弱的中火拌炒，直到洋蔥變透明。

*可存放冰箱冷藏1週、冷凍1個月。

炒蔬菜

（材料）容易製作的份量

洋蔥、甜椒 各1顆／櫛瓜、茄子 各1條
鹽 1/3小匙／橄欖油 2大匙

（作法）

1. 洋蔥切成半月形，甜椒切成細條狀，
櫛瓜與茄子則是切成7mm厚的圓片。
排列在鋪有餐巾紙的料理盤，撒鹽，
靜置約10分鐘，拭乾水分。
2. 橄欖油倒入平底鍋加熱，
以中火將蔬菜兩面煎到熟度剛好。

*可存放冰箱冷藏1週、冷凍1個月。

Arrange!

○ 普羅旺斯燉菜

（材料）2人份

所有的炒蔬菜／特製番茄醬 200ml（參照P.16）
小番茄 6顆／番茄乾 2塊
蒜末 1瓣份
鹽 適量／橄欖油 1大匙

（作法）

1. 用料理剪將番茄乾剪成5mm塊狀。
2. 將橄欖油與蒜末倒入鍋中，以小火加熱，
飄出香氣後，倒入剩餘的材料，
以小火燉煮約10分鐘。
試味道，加鹽調整鹹淡。

Arrange!

○ 香腸蔬菜湯

（材料）2人份

炒蔬菜丁 40g／香腸 4條
雞湯粉 2小匙／水 500ml

（作法）

將所有材料倒入鍋中，
煮到香腸變熱。

Arrange!

○ 萊姆奶油風味蔬蝦筆管麵

（材料）2人份

炒蔬菜丁 100g／蝦仁 100g／蒜末 1瓣份
筆管麵 160g／萊姆 1/4顆／鮮奶油醬 3大匙（參照P.16）
鹽、黑胡椒 各少許／橄欖油 1大匙／綜合生菜 適量

（作法）

1. 依照包裝袋上的作法以鹽水汆燙筆管麵。
蝦仁撒鹽、胡椒。萊姆切半。
2. 將橄欖油與蒜末倒入平底鍋，以小火加熱。
飄出香氣後，加入1的蝦仁與炒蔬菜繼續拌炒。
蝦仁開始變色時，再加入1的筆管麵、鮮奶油醬、一半的萊姆汁拌勻。
鹹度不足的話，可加入汆燙筆管麵的湯水做調整。
3. 最後再澆淋些許頂級初榨橄欖油（份量外），
與綜合生菜、剩餘的萊姆一起盛入容器中。

BOX FOOD_5

照燒鰤魚＆蔬菜丁拌飯
綿密美味和風餐盒

MENU

1. 香味蔬菜丁拌飯
2. 照燒鰤魚
3. 炒蘿蔔絲
4. 油豆腐四季豆滷物
5. 花椰皮卡塔

雖然有人覺得魚料理吃起來有些空虛，不過只要選對魚種，就能解決這個問題。當我決定要以魚作為主菜時，第一個列入名單會是油脂表現適中的鰤魚。只要烹調成濃郁的照燒風味，就能賦予品嘗者完全不輸給肉類的滿足感。如果主菜是走和風調性，那麼配菜最好也要符合主菜的基調。使用了大量香味蔬菜的山形縣鄉土料理「蔬菜丁（だし）」，則是以鹽麴和鹽昆布輕鬆重現。油豆腐只經過油炸烹調，是製作分量感稍嫌不足的和風便當時，非常撐得住場面的名配角。沖繩知名料理的「炒蘿蔔絲（にんじんしりしり）」則是充滿鮪魚的鮮味，讓人滿足不已。在這些表現滿分的和風菜餚中，綻放異彩的就屬猶如戴了頂帽子的花椰皮卡塔（piccata）。這道充滿自我風格的菜餚，為餐盒增添了股輕盈滋味。

P.42 ←…… / 不同風味版食譜、各式拌飯 /

RECIPE 1. of the BOX FOOD

香味蔬菜丁拌飯

（材料）2人份

小黃瓜、茄子 各1條／鹽 適量／鹽昆布 1撮
液體鹽麴（若無則用一般鹽麴）1大匙

A | 蘘荷細丁 1個份／薑末 1瓣份
紫蘇葉碎末 5片份

（作法）

1. 小黃瓜、茄子切成細丁。
   分別撒鹽，靜置約10分鐘，
   充分擰乾水分（茄子先稍微過個水再擰乾）。
2. 混合所有材料，倒在白飯上（份量外）。

照燒鰤魚

（材料）2人份

鰤魚切片 2片／低筋麵粉 少許／鹽 1小匙／沙拉油 1/2大匙／薑絲 少許

A | 醬油、味醂 各2大匙／三溫糖 1大匙

（作法）

1. 將鰤魚兩面撒鹽，靜置10分鐘後，沖水洗過。
   擦拭水分，以濾茶網篩一層薄薄的麵粉。
2. 沙拉油倒入平底鍋加熱，以中火將鰤魚兩面煎到熟度剛好後取出。
3. 用餐巾紙擦拭2平底鍋的沙拉油，
   將A倒入平底鍋，讓湯汁收乾至濃稠狀。
   再次放入2，裹滿醬汁。盛盤後擺上薑絲。

RECIPE 2. of the BOX FOOD

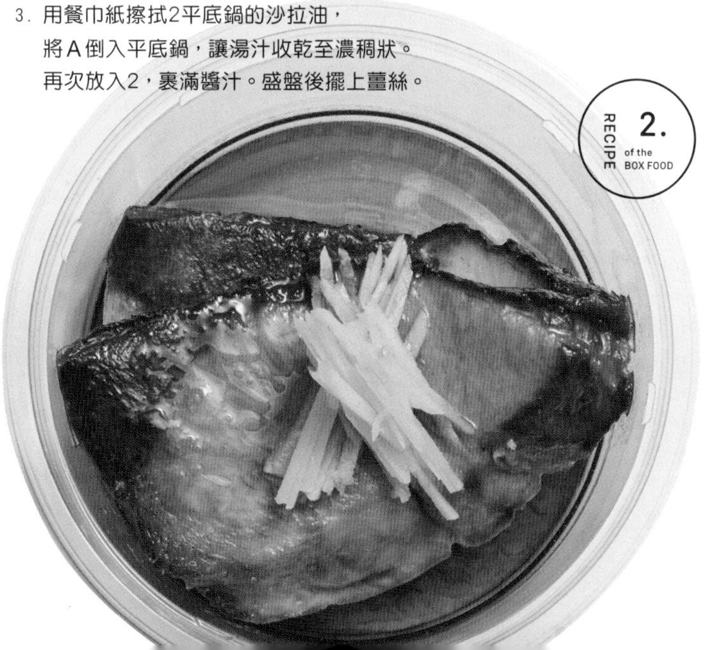

RECIPE 3. of the BOX FOOD

炒蘿蔔絲

（材料）容易製作的份量

胡蘿蔔 2根／油漬鮪魚罐頭 小1罐（70g）
白芝麻 適量／酒 1大匙／鹽 1/2小匙
芝麻油 1大匙

（作法）

1. 胡蘿蔔切成粗絲。
2. 將芝麻油倒入鍋中加熱，以大火烹炒1。
   炒軟後，加入瀝掉油分的鮪魚，繼續拌炒。
3. 加入酒、鹽，整個稍作拌炒後，撒上芝麻。

＊可存放冰箱冷藏3天。

RECIPE 4. of the BOX FOOD

油豆腐四季豆滷物

（材料）2人份

油豆腐 2大塊／四季豆 6條
日式白高湯 3大匙／三溫糖 2大匙／七味辣椒粉 少許

（作法）

1. 油豆腐切成適口大小，汆燙2分鐘後，瀝乾水分。
   四季豆去絲，放入鹽水汆燙約30秒。
2. 將1的油豆腐、白高湯、三溫糖倒入鍋中，
   加入差不多要蓋過食材的水量，以中火加熱。
   煮滾後放入1的四季豆，繼續煮1分鐘。
   拿至一旁放冷使其入味。
   盛盤後撒點七味辣椒粉。

RECIPE 5. of the BOX FOOD

花椰皮卡塔

（材料）2人份

綠花椰 1/2朵／低筋麵粉 適量／橄欖油 1/2大匙

A ｜ 蛋液 1顆份／起司粉 1大匙／黑胡椒 少許

（作法）

1. 將花椰菜分切成小朵，
   放入耐熱容器，灑少許的水（份量外），蓋上保鮮膜。
   微波加熱1分30秒，取出放涼。
2. 手持菜梗處，將花苞的部分撒上薄薄一層麵粉。
   接著沾裹混合好的A。
3. 橄欖油倒入平底鍋加熱，
   以中火稍作熱煎，直到蛋液變熟。

不同風味版食譜

各式拌飯

把簡單的小菜，甚至稱不上是小菜的食材置於白飯上。這樣就能做出一道讓人覺得可愛的飯類料理。只要裝入小杯子中，感覺就會變得很時尚呢。

雞肉燥

（材料）容易製作的份量

雞絞肉 200g

A —三溫糖 4大匙／醬油 3大匙／酒 1大匙／香草 少許

（作法）

將雞絞肉與3大匙的水（份量外）倒入平底鍋，用料理筷將絞肉攪散開來。加入A以中火加熱，邊攪拌邊煮至水分收乾。盛碗後再擺上香草。

起司醬汁柴魚

（材料）容易製作的份量

加工起司切小塊 30g／柴魚片 5g／醬油 1大匙

蔥花 少許

（作法）

將所有材料混合均勻，盛碗後再撒點蔥花。

山藥酪梨

（材料）容易製作的份量

酪梨薄片 1顆份／山藥薄片 60g

檸檬汁 切成8塊半月形後取1塊

醬油 1小匙／頂級初榨橄欖油 1小匙／芥末、黑胡椒 各少許

（作法）

混合拌勻胡椒以外的材料。盛碗後再撒上胡椒。

BOX FOOD_6

菇菇抓飯&柑橘風味雞 多彩便當

MENU

1. 菇菇抓飯
2. 柑橘醬風味・香煎雞肉
3. 巴西利番茄乾風味歐姆蛋
4. 煎烤馬鈴薯
5. 醋漬小番茄

客人除了會提出菜單需求外，有時還會講究視覺效果，希望是「能讓心情變好，看起來很繽紛」的料理。這時，我就會用帶有維他命色系的菜餚來做搭配。主菜的乾煎雞肉搭配的是顏色鮮亮的橘色醬料和柳橙片。菇菇抓飯本身的色調雖然樸素，每種菇類的形狀卻極為可愛，讓餐盒的呈現上更加生動。其中的最大功臣，實屬色彩多樣的小番茄了。小番茄的顏色種類多，一起醋漬後，就能輕鬆地讓餐盒變可愛。歐姆蛋帶有鮮艷亮眼的黃色，從切口還能清楚看見裡頭的香草。馬鈴薯稍微撒點紫蘇葉碎末。香草的深綠色成了美味繽紛餐盒的最佳夥伴。

P.47 <…… / 變化版食譜、和風調味粉運用技巧 /

柑橘醬風味・香煎雞肉

（材料）2人份

雞腿肉 2塊（約500g）／鹽、黑胡椒 各少許／橄欖油 1大匙
柳橙皮細絲 少許

A | 柳橙果醬 3大匙
黃芥末醬、味醂 各1大匙／醬油 1小匙

（作法）

1. 雞肉撒上鹽、胡椒。
2. 將橄欖油倒入平底鍋加熱，1的雞皮朝下，以大火熱煎5分鐘。
翻面，加入20ml的水（份量外），蓋上鍋蓋，
轉較弱的中火繼續煎4分鐘後起鍋。
3. 將A倒入2的平底鍋，連同肉汁一起加熱後，澆淋於2上。
最後再擺上柳橙皮。

RECIPE 2. of the BOX FOOD

RECIPE 1. of the BOX FOOD

菇菇抓飯

（材料）容易製作的份量

喜愛的菇類2～3種 250～300g／大蒜 1瓣／米 2杯
雞湯粉 1小匙／鹽 1/3小匙／黑胡椒 少許／橄欖油 3大匙

（作法）

1. 去除菇類的蒂頭，切成容易品嘗的大小。
2. 將拍碎的大蒜與橄欖油倒入平底鍋，以小火加熱。
飄出香氣後，倒入1，撒鹽，熱煎10分鐘。
3. 將洗過的米放入電子鍋，加入2與雞湯粉。接著倒入2杯米所需的
水量，稍作攪拌後，加熱烹煮。盛裝時再撒點胡椒。

煎烤馬鈴薯

RECIPE 4. of the BOX FOOD

（材料）2人份

馬鈴薯（五月皇后）2顆
紫蘇葉碎末 1小匙
鹽 1撮／黑胡椒 少許
橄欖油 1大匙

（作法）

1. 將帶皮馬鈴薯整個放入鍋中，
   加入大量的水，汆燙至變軟後，切半。
2. 橄欖油倒入平底鍋加熱，將1的切面朝下，
   煎至變色後翻面，將兩面充分熱煎。
   起鍋後，撒點鹽、胡椒與紫蘇葉。

RECIPE 5. of the BOX FOOD

醋漬小番茄

（材料）容易製作的份量

小番茄 400～500g
醋漬液：水 200ml／米醋 100ml／三溫糖 40g
鹽 1/2大匙／月桂葉 1片／黑胡椒粒 10顆
芥末籽 1小匙

（作法）

1. 將醋漬液的材料入鍋，煮滾後放涼。
2. 去掉小番茄的蒂頭，確實擦乾水分。
   放入乾淨的瓶罐中，倒入1，靜置1天以上。

＊可存放冰箱冷藏1週。

巴西利番茄乾風味歐姆蛋

（材料）容易製作的份量

雞蛋 5顆／橄欖油 1大匙

A ｜ 牛奶 1大匙／雞湯粉 1/2小匙
B ｜ 巴西利碎末 2大匙／番茄乾 大1塊

（作法）

1. 用料理剪將B的番茄乾剪成5mm塊狀。
2. 雞蛋打入料理盆中，
   加入A混合，接著再加B拌勻。
3. 橄欖油倒入平底鍋，以較強的中火加熱。
   倒入2，用料理筷大幅度攪拌，
   加熱至半熟後將火侯轉弱，熱煎3分鐘左右。
4. 用大盤子蓋住3的平底鍋，翻面倒出歐姆蛋。
   再將歐姆蛋放回平底鍋，
   另一面同樣熱煎3分鐘。

RECIPE 3. of the BOX FOOD

變化版食譜

日式調味料運用技巧

想要輕鬆地讓味道帶點變化。想要呈現出點綴效果。這時有個記住的話會很有幫助的技巧，那就是調味料的運用。山椒粉、七味粉、黑白芝麻、柴魚片。只要稍微撒一點，就能營造出滿滿的和風滋味。

搭配山椒粉

肉捲飯糰

（材料）4顆份

豬五花薄片 4~8片
白飯 300g／鹽 少許／太白粉水（水1大匙＋太白粉1小匙）
山椒粉 少許
A ─ 醬油、酒、味醂 各2大匙
三溫糖 1大匙

（作法）

1. 白飯撒鹽後拌勻，分成4等分，揉成圓飯糰。用肉將飯糰整個裹住。
2. 以中火加熱平底鍋，將1肉捲的收口朝下入鍋，煎到整個變色後取出。
3. 擦拭掉2平底鍋的油垢，倒入A，以小火加熱。糖融化後，再加入太白粉水讓汁液變濃稠。將2放回，沾裹醬汁，最後撒上山椒粉。

搭配七味辣椒粉

浸漬熱烤夏季食蔬

（材料）2人份

所有的炒蔬菜（參照P.36）
七味辣椒粉 適量
A ─ 日式白高湯 2大匙
味醂、砂糖 各1大匙／水 200ml

（作法）

1. 將炒蔬菜放入平底鍋再炒過。
2. 把A倒入鍋中，煮滾後，將1浸漬約20分鐘。最後再撒點七味辣椒粉。

搭配柴魚片、芝麻

柴魚片芝麻裹飯糰

（材料）4顆份

白飯 300g／鹽 少許／芝麻油 適量
柴魚片、芝麻粒 各少許

（作法）

白飯撒鹽後拌勻，分成4等分，揉成圓飯糰（揉芝麻飯糰時，可先將手沾芝麻油，讓表面稍微沾裹油分）。分別將飯糰裹上柴魚片和芝麻粒。

BOX FOOD_7

大受歡迎！香草螺旋麵餐盒

MENU

1. 鮪魚蔬菜義大利麵
2. 雞肉餅
3. 乾煎香草風味番茄
4. 蜂蜜芥末洋蔥風味地瓜沙拉
5. 焗烤酪梨蝦

用義大利麵代替白飯，很神奇地，光是這樣就可以讓人悸動不已。主角的義大利麵走清爽路線，以檸檬和黑胡椒增添風味。當然最後一定要添加大量的香草。還有，平常總會順手放入的小番茄這次不如就多下點功夫。將切過的番茄慢火熱煎，讓香草氣味滲入其中，打造成非常簡單的番茄醬風味，不僅能拌入義大利麵品嘗，還能當成雞肉餅的沾醬。另一個主角是以濃郁的酪梨口感，來呈現不用白醬也能獲得滿足感的簡單焗烤料理。如果便當裡面都是這類足具特色的菜餚，馬鈴薯沙拉當然也要跳脫既定的印象。於是這裡改用地瓜，搭配上稍微不太一樣的料理方法。

P.54 ⇠ / 不同風味版食譜、短義大利麵 /

鮪魚蔬菜義大利麵

（材料）2人份

油漬鮪魚罐頭 小1罐（70g）／蒜末 1瓣份
炒蔬菜丁（參照P.36）100g／螺旋麵 160g／檸檬 1/4顆
黑胡椒、細葉香芹 各少許

（作法）

1. 依照包裝袋上的作法以鹽水汆燙螺旋麵。
2. 將鮪魚連油一起倒入平底鍋，接著加入蒜末，以小火加熱。飄出香氣後，加入炒蔬菜，繼續拌炒。
3. 把瀝掉水分的1、些許汆燙螺旋麵的湯水加入2並拌勻。最後再擠點檸檬汁，撒上胡椒，擺入細葉香芹。

雞肉餅

（材料）約25×20cm的料理盤1片份

雞絞肉 300g／炒蔬菜丁（參照P.36）300g
火腿 6片／番茄乾 3塊／麵包粉 20g／雞蛋 1顆
雞湯粉、番茄醬 各1大匙
伍斯特醬、狄戎芥末醬、醬油 各1小匙

（作法）

1. 火腿切細丁，番茄乾用料理剪剪成5mm塊狀。
2. 將所有材料放入料理盆，混合攪拌到產生黏性。
3. 在料理盤鋪放烘焙紙，填入2，厚度為2cm左右，過程中要排出空氣。以180℃的烤箱烘烤25分鐘，烤到變色。

＊如果沒有同尺寸的料理盤，可用手塑型成2cm厚，再放入鋪了烘焙紙的耐熱容器中烘烤。

RECIPE 4. of the BOX FOOD

蜂蜜芥末洋蔥風味地瓜沙拉

（材料）容易製作的份量

地瓜 400g／炸洋蔥（市售）2大匙

A	美乃滋 3大匙 狄戎芥末醬 1大匙／蜂蜜 1小匙

（作法）

1. 地瓜去皮後，切成適口大小，
   放入冷水中加熱汆燙至變軟。
   撈至篩網，瀝掉水分後，
   倒回鍋內，
   以小火加熱讓蒸發水分。
2. 將A倒入料理盆，攪拌後，
   加入1、炸洋蔥拌勻。

焗烤酪梨蝦

（材料）2人份

酪梨 1顆／蝦仁 4尾
披薩用起司 2大匙／起司粉 適量

A	美乃滋 2大匙 鮮奶油醬（參照P.16）1大匙

（作法）

1. 酪梨切半，
   去籽後放入耐熱容器。
   在酪梨籽的凹處放入蝦仁，
   並整個澆淋混合好的A，
   最後撒上披薩用起司與起司粉。
3. 用烤箱烤到起司變色後，
   切成容易品嘗的大小。

RECIPE 5. of the BOX FOOD

乾煎香草風味番茄

（材料）2人份

番茄 小2顆／百里香 2株／鹽、黑胡椒、低筋麵粉 各少許
橄欖油 1大匙

（作法）

1. 番茄對半橫切，
   在切面撒上薄薄一層的鹽、胡椒、低筋麵粉。
2. 橄欖油倒入平底鍋，將1的切面朝下入鍋，
   放入百里香，以中火熱煎。
   煎到變色後翻面，兩面都要煎過。

RECIPE 3. of the BOX FOOD

不同風味版食譜

短義大利麵

形狀既多樣又可愛的短義大利麵也是外燴料理的人氣品項。
其實……在「忘記煮飯了！」的時候，短義大利麵還能發揮救援作用呢。

蘑菇鮮奶油貝殼麵

（材料）2人份

蘑菇 8～10個／蒜末 1瓣份／貝殼麵 160g
鮮奶油醬（參照P.16）180g／橄欖油 1大匙

（作法）

1. 依照包裝袋上的作法以鹽水汆燙貝殼麵。蘑菇切成薄片。
2. 將橄欖油與蒜末倒入平底鍋，以小火加熱。
3. 飄出香氣後，加入1的蘑菇，煎到變軟，接著倒入鮮奶油醬。加入1的貝殼麵攪拌裹上醬汁。當醬汁太黏稠的話可加入汆燙貝殼麵的水作調整。

肉醬筆管麵

（材料）2人份

豬牛絞肉 120g／炒蔬菜丁（參照P.36）50g／蒜末 1瓣份
筆管麵 160g／起司粉 依喜好／橄欖油 1大匙
A ― 特製番茄醬（參照P.16）100g／伍斯特醬 1大匙／紅酒 2大匙

（作法）

1. 依照包裝袋上的作法以鹽水汆燙筆管麵。
2. 將橄欖油與蒜末倒入平底鍋，以小火加熱。加入絞肉拌炒，接著加入炒蔬菜丁與A，烹煮10分鐘左右。
3. 在汆燙好的筆管麵淋上2，依喜好撒點起司粉。

青醬蝴蝶麵

（材料）2人份

茼蒿青醬（參照P.16）4大匙／蝴蝶麵 160g／頂級初榨橄欖油 1大匙

（作法）

1. 依照包裝袋上的作法以鹽水汆燙蝴蝶麵。
2. 將茼蒿青醬與橄欖油倒入料理盆攪拌，接著加入汆燙好的1拌勻。

BOX FOOD_8

口感多樣！份量同樣滿點的無麩質餐盒

MENU

1. 鮭魚香草拌飯
2. 酪梨歐姆蛋
3. 香煎醋味綜合菇
4. 南瓜堅果葡萄乾豆腐泥
5. 檸檬孜然風味高麗菜沙拉
6. 薑汁風味乾煎油豆腐茄子

客人開出來的需求中，有時也會包含「不能有麵粉」的條件。如果不能使用少量就能墊胃的麵粉，那麼「該從哪裡產生飽足感？」就會是餐點成功與否的關鍵。首先，要把很容易淪為配角的白飯加上大量餡料，讓白飯晉升為主角。接著再用愈嚼愈鮮甜的菇類，以及份量感十足的油豆腐從旁給予充分的輔助。還有一項要比平常更需留意的環節，那就是味道的協調表現。不能單純地使用大量調味料加重風味，關鍵在於最終如何讓酸味、辣味、鹹味都能有鮮明的存在感。

於是這裡用孜然搭配高麗菜，堅果搭配南瓜……為每道菜餚加入帶有口感與風味的點綴食材，亦是這份餐盒的巧思之處呢。

P.60 ← / 變化版食譜、西式調味料運用技巧 /

RECIPE 1. of the BOX FOOD

鮭魚香草拌飯

（材料）容易製作的份量

鹹甜鮭魚切片 1片／蒔蘿切小段 1大匙
白飯 400g

（作法）

1. 用烤魚網等器具燒烤鮭魚，
   去除魚皮、魚骨後剝成小塊。
2. 將1與蒔蘿拌入白飯中。

RECIPE 2. of the BOX FOOD

酪梨歐姆蛋

（材料）容易製作的份量

酪梨 2顆／鹽 1撮／橄欖油 1大匙

A ｜ 蛋液 5顆份／牛奶 2小匙／雞湯粉 1小匙

（作法）

1. 酪梨切薄片，撒鹽備用。
2. 將橄欖油倒入直徑20cm左右的平底鍋，
   以稍強的中火加熱。用料理筷大幅度攪拌，
   加熱至半熟後，排列擺放1，
   蓋上鍋蓋，轉小火熱煎3分鐘左右。
3. 用大盤子蓋住2的平底鍋，翻面倒出歐姆蛋。
   再將歐姆蛋放回平底鍋，
   另一面同樣熱煎3分鐘。

RECIPE 3. of the BOX FOOD

香煎醋味綜合菇

（材料）容易製作的份量

杏鮑菇、舞菇、鴻喜菇 各1盒（合計約300g）
鹽、黑胡椒 各少許／頂級初榨橄欖油 2大匙

A ｜ 巴薩米可醋 50ml／醬油、蜂蜜 各1大匙

（作法）

1. 將橄欖油倒入平底鍋，
   以中火加熱。去除菇類的蒂頭，
   切成容易品嘗的大小後加入，
   接著以鹽、胡椒調味，拌炒到變軟。
2. 將A倒入1，轉大火拌勻。

＊可存放冰箱冷藏5天。

薑汁風味
乾煎油豆腐茄子

（材料）2人份

油豆腐 2小塊／茄子 2條
薑泥 1瓣份
醬油 1大匙／芝麻油 2大匙

（作法）

1. 油豆腐縱切成4等份等容易品嘗的大小。
   茄子對半縱切，接著再取2mm左右的間距，
   垂直劃入數刀。
2. 將芝麻油倒入平底鍋加熱，以中火熱煎1。
3. 在2的油豆腐分別放上薑泥，澆淋上醬油，
   讓薑泥變色。

RECIPE 6. of the BOX FOOD

RECIPE 5. of the BOX FOOD

檸檬孜然風味高麗菜沙拉

（材料）容易製作的份量

高麗菜 1/2顆／鹽 1/3小匙／孜然籽 1大匙
檸檬汁 1大匙／頂級初榨橄欖油 1又1/2大匙

（作法）

1. 高麗菜切成粗絲。
   撒鹽，置於耐熱容器中，以保鮮膜包覆，
   微波加熱5分鐘。
2. 將1浸冷水後，用餐巾紙包覆
   並充分擰乾水分，接著放至料理盤。
3. 將橄欖油與孜然籽倒入平底鍋，
   以小火加熱。孜然籽變淡褐色後，
   趁熱澆淋在2上，並擠點檸檬汁。
   嘗看看味道，不足的話可加鹽調整。

＊可存放冰箱冷藏3天。

南瓜堅果
葡萄乾豆腐泥

（材料）2人份

南瓜 1/4顆／木棉豆腐（水瀝掉）1/2塊（豆腐淨重170g）
綜合堅果、葡萄乾 各20g

A ｜ 顆粒花生醬（含糖）1又1/2大匙
　 ｜ 日式白高湯 1大匙／三溫糖 1小匙

（作法）

1. 南瓜切成較小塊的適口大小。
   置於耐熱容器中，灑些許的水，
   以保鮮膜包覆，微波加熱9分鐘。
2. 將A放入料理盆拌勻，
   加入木棉豆腐後搗碎拌勻直到整體變滑順。
3. 將1、堅果、葡萄乾加入2，
   混合均勻。

RECIPE 4. of the BOX FOOD

變化版食譜

西式調味料運用技巧

調味料不單只能用來增添風味。
還有脆硬的堅果、以及能享受到酥鬆口感的炸洋蔥。
充滿特色的味覺表現也是調味料的魅力所在。
只需在平常的沙拉、咖哩撒上小小一撮，就能呈現出些微的特別感。

搭配起司粉

烘烤夏季蔬菜

（材料）2人份

茄子 小2條／櫛瓜 小1條／番茄 中1顆
洋蔥薄片 1/4顆份
蒜末 1瓣份
番茄泥、橄欖油 各2大匙
起司粉 10g／鹽、黑胡椒 各適量

（作法）

1. 茄子、櫛瓜、番茄切成5mm厚的圓片。排列在鋪有餐巾紙的料理盤，撒鹽、胡椒，靜置約10分鐘。
2. 將橄欖油倒入平底鍋加熱，以中火拌炒洋蔥與蒜末，直到食材變軟。
3. 用餐巾紙把1茄子與櫛瓜的水分稍微吸乾，先取一半的量，交替排列於耐熱容器底部。接著於上方鋪入2和番茄泥，撒鹽、黑胡椒，再繼續交替排列剩餘的茄子、櫛瓜和番茄圓片，最後撒上起司粉。澆淋橄欖油（份量外），放入烤箱烘烤20分鐘左右，將食材烤到變色。

搭配炸洋蔥

炸洋蔥&香腸拌飯

（材料）2人份

香腸切小塊 4條份
炸洋蔥（市售）2大匙／白飯 300g
巴西利碎末 少許／鹽、黑胡椒 各少許
橄欖油 1大匙

（作法）

1. 將橄欖油與香腸倒入平底鍋，以小火炒到飄香。
2. 將白飯、1連同油一起倒入料理盆，加入炸洋蔥與巴西利後拌勻。最後再以鹽、胡椒調味。

搭配堅果與果乾

乾咖哩配料

（材料）容易製作的份量

雞肉蔬菜乾咖哩（參照P.34）、白飯
綜合堅果、果乾 各適量

（作法）

將白飯添入器皿裡，淋上雞肉蔬菜乾咖哩，再撒上堅果與果乾。

相同素材也能美味不膩 各種素材的食譜

我會在一天裡接到數張的外燴訂單。
不過，當然不能讓每張單的料理內容都一樣。
這時就必須知道，該如何用單一素材變出各式各樣的菜餚。
可以炸、可以蒸、可以煎燒。徹底展現出食材的美味。
當你煩惱「雖然有材料，不過……」的時候，不妨參考這裡的作法。

炸胡蘿蔔

（材料）容易製作的份量
胡蘿蔔 1根／太白粉 1大匙／鹽、炸油 各適量

（作法）
1. 胡蘿蔔連皮縱切成8等份。
2. 將1裹上太白粉，放入160℃的熱油炸5分鐘左右。胡蘿蔔浮起後，火候轉大，繼續油炸1分鐘～1分鐘30秒直到酥脆，瀝乾油後，撒鹽。

涼拌胡蘿蔔

（材料）容易製作的份量
胡蘿蔔 2根／小番茄 4顆／四季豆 4條／花生（鹽味）2大匙
檸檬 1/2顆／蝦米 1大匙／紅辣椒 2根

A ｜ 蒜末 1瓣份／甜辣醬 1小匙／魚露 2小匙

（作法）
1. 胡蘿蔔切絲，小番茄與四季豆對切成半。花生切碎，檸檬切成半月形。
2. 將1的胡蘿蔔、四季豆以及蝦米放入料理盆，小番茄則是要挖出裡面的種子（黏稠的種子可作為醬汁）。紅辣椒對半剝開後，連籽一起放入料理盆。
3. A加入2，檸檬則是擰入汁液後放入，接著加入1的花生，將整個拌勻。

＊可存放冰箱冷藏3天。

胡蘿蔔沙拉

（材料）容易製作的份量

胡蘿蔔 大1根／柳橙 1顆

A ｜ 米醋 35ml／三溫糖 15g

（作法）

1. 用削皮刀把胡蘿蔔刨成薄片狀。
2. 用削皮刀削取適量的柳橙皮，並切成細絲。
   接著將柳橙切半，擠出果汁，和A拌勻。
3. 拌勻1與2，靜置10分鐘使其入味。

＊可存放冰箱冷藏5天。

胡蘿蔔炊飯

（材料）2碗份

胡蘿蔔 2根／日式白高湯、酒 各2大匙／米 2杯

（作法）

1. 胡蘿蔔切成細丁。
2. 將洗好的米放入電子鍋，加入1與日式白高湯，
   接著倒入2杯米所需的水量，稍作攪拌後，加熱烹煮。

金平胡蘿蔔

（材料）容易製作的份量

胡蘿蔔 1根／三溫糖、日式白高湯 各1大匙／紅辣椒絲 少許／芝麻油 1大匙

（作法）

1. 胡蘿蔔連皮切成粗條狀。
2. 芝麻油倒入平底鍋加熱，以中火將1煎到變色。
3. 倒入三溫糖，整個拌勻，呈焦糖狀後，倒入白高湯，
   轉大火拌炒到變黏稠。最後擺上紅辣椒絲。

＊可存放冰箱冷藏3天。

馬鈴薯歐姆蛋

(材料) 約25×20×3.5cm的料理盤1片份

馬鈴薯 (五月皇后) 500g

A | 蛋液 2顆份/鮮奶油 100ml/橄欖油 2大匙/鹽 1小匙

(作法)

1. 馬鈴薯削皮，切成2～3mm厚的薄片。
2. 混合A。
3. 在料理盤鋪放烘焙紙，密實地排入馬鈴薯片。
   倒入1/4量的2。依照一層馬鈴薯、一層蛋液的順序，重疊10層。
4. 烤箱預熱至170℃後，放入烘烤30分鐘。

馬鈴薯餅

(材料) 8個份

馬鈴薯 (男爵) 3顆/沙拉油 1大匙

A | 太白粉、牛奶 各3大匙/鹽 少許

B | 醬油、酒、味醂 各2大匙/三溫糖 1大匙

(作法)

1. 鍋中倒入大量的水，放入削好皮的馬鈴薯
   和1撮鹽 (份量外)，以中火加熱。
   馬鈴薯變軟後，倒掉熱湯，轉小火，
   搖晃鍋子讓水分蒸發，做成粉吹芋馬鈴薯。
   趁熱移至料理盆並搗碎。
2. 在1加入A拌勻，8等份並揉圓。
3. 沙拉油倒入平底鍋加熱，放入2，以中火將兩面煎到充分變色。
   加入混合好的B，將整塊馬鈴薯餅沾裹均勻。

拔絲地瓜

(材料) 容易製作的份量

地瓜 2條/蜂蜜 2大匙/炸油、黑芝麻 各適量

(作法)

1. 地瓜充分洗淨後，連皮滾刀切塊，浸水10分鐘。
2. 將瀝乾水分的1放入160℃的油鍋中炸5分鐘後，暫時取出。
3. 將油加熱至180℃，再放入2，炸到表面變得酥脆。
   趁熱裹上蜂蜜與芝麻。

洋蔥魩仔魚天婦羅

（材料）4個份

A | 洋蔥薄片 1/2顆份／魩仔魚 50g／青蔥切小段 4支份
鹽 1/4小匙／低筋麵粉 50g

水 50ml／炸油 適量

（作法）

1. 將A放入料理盆，稍作攪拌混合。分次加入少量的水，讓材料能均勻裹上麵衣。
2. 在平底鍋倒入5mm深的炸油，加熱至180℃。
   將1/4量的1攤平於鍋中，炸到酥脆變色後翻面。
   轉小火，繼續煎炸2分鐘左右。剩餘的材料也是以相同方式油炸。

醋漬紫洋蔥

（材料）容易製作的份量

紫洋蔥 1顆

月桂葉 1片／黑胡椒粒 10顆／鹽 1/4小匙
醋漬液：水 200ml／米醋 100ml／三溫糖 40g／鹽 1/2大匙

（作法）

1. 將醋漬液的材料入鍋，煮滾後放涼。
2. 稍微削掉洋蔥根部，但注意不可整個散開，切成16等份的半月形。
   放入乾淨的瓶罐中，倒入1，靜置1天以上。

＊可存放冰箱冷藏2週。

烘烤洋蔥粒

（材料）2個份

洋蔥 2顆／結晶鹽（如馬爾頓天然海鹽）1撮
頂級初榨橄欖油 1小匙

（作法）

1. 稍微削掉帶皮的洋蔥根部，但注意不可整個散開。
   從洋蔥上方下刀，劃十字痕，大約是2/3的深度。
   用鋁箔紙一顆顆包起。
2. 烤箱預熱至190℃後，放入烘烤1小時，
   最後再撒鹽並澆淋橄欖油。

綜合烤菇

（材料）2人份

喜愛的菇類2～3種 合計300g／奶油 20g／鹽 少許
酢橘（或檸檬）1顆／醬油 適量

（作法）

1. 切掉所有菇類的蒂頭，分成小朵。
準備40cm的鋁箔紙，將菇類排列在正中間，
撒鹽、擺上奶油後包起。
2. 將1用烤箱烘烤8分鐘，
最後再澆淋醬油，擠點酢橘汁。

＊可存放冰箱冷藏3天。

檸檬醃菇

（材料）2人份

乾煎菇類（參照P.46菇菇抓飯步驟1、2）230g／檸檬 1/2顆
頂級初榨橄欖油 1大匙

（作法）

1. 將一半的檸檬切成半月形。剩下的則是擠成果汁。
2. 將乾煎菇類與檸檬汁、橄欖油拌勻。最後放上檸檬。

＊可存放冰箱冷藏5天。

炸蘑菇火腿

（材料）2人份

蘑菇 8～10個／生火腿 2片／炸油 適量

A | 蛋液 1/4顆份／低筋麵粉 40g／氣泡水 50ml
雞湯粉 1/2小匙

（作法）

1. 切掉蘑菇梗，生火腿撕小塊，塞入傘部。
將整顆蘑菇裹上薄薄一層麵粉（份量外）。
2. A放入料理盆混合均勻，將1沾裹A，
再以180℃的熱油炸到變色。

茼蒿青醬風味豌豆

（材料）2人份

豌豆 150g／茼蒿青醬（參照P.16）3大匙 
起司粉、頂級初榨橄欖油 各適量

（作法）

1. 豌豆去絲後，入鹽水汆燙。
2. 撈起後瀝乾水分，再用餐巾紙包覆完全吸乾。
3. 將2與茼蒿青醬混合，添加起司粉與橄欖油後再拌勻。

乾煸青蔬　佐橄欖醬

（材料）2人份

綠蘆筍、扁莢菜豆 各4根／四季豆 8條／鹽 適量
橄欖油 1大匙／頂級初榨橄欖油 3大匙

A｜油漬鯷魚菲力 1/2片／大蒜 1/2瓣
綠橄欖、酸豆 各10顆／醃小黃瓜 5條

（作法）

1. 切掉蘆筍末端3cm，用削皮刀削掉較硬的表皮。
扁莢菜豆與四季豆去絲。
2. 橄欖油倒入平底鍋，以中火熱煎1直到變色，撒鹽。
3. 將A的材料全部切細丁，與頂級初榨橄欖油拌勻，澆淋在2上。

涼拌高麗菜

（材料）2人份

高麗菜、紫洋蔥 各1/4顆／紫高麗菜芽 適量

A｜水 900ml／鹽 1小匙

B｜美乃滋 3大匙／原味優格、檸檬汁 各1大匙／鹽、白胡椒 各少許

（作法）

1. 將高麗菜的梗葉分開，分別切成細絲。洋蔥切薄片。
2. 將1放入混合好的A，充分拌勻，待1變軟後，
撈起並瀝掉水分，再用餐巾紙逐量包覆擰乾。
3. 將B倒入料理盆混合，接著與2拌勻。
最後擺上切掉根部的紫高麗菜芽。

＊可存放冰箱冷藏3天。

香炒鷹嘴豆

（材料）容易製作的份量

鷹嘴豆水煮罐頭 1罐（240g）／蒜末 1瓣份
咖哩粉 2小匙／鹽 少許／沙拉油 1大匙

（作法）

1. 充分瀝掉鷹嘴豆的水分。
2. 將沙拉油與蒜末倒入平底鍋，以小火加熱。
   飄出香氣後，加入1、咖哩粉、鹽拌炒。

巴西利豆沙拉

（材料）容易製作的份量

紅四季豆水煮罐頭 1罐（240g）／小扁豆水煮罐頭 1罐（240g）
大豆水煮罐頭 1罐（150g）／番茄乾 5塊
紫洋蔥碎末 1/2顆／巴西利碎末 1/2把

A｜檸檬汁 1顆份／狄戎芥末醬 2大匙／鹽、黑胡椒 各適量
　｜頂級初榨橄欖油 3大匙

（作法）

1. 充分瀝掉豆類的水分。用料理剪將番茄乾剪成5mm塊狀。
2. 將A放入料理盆混合，加入1、洋蔥、巴西利後拌勻。

炸大豆餅

（材料）容易製作的份量

水煮大豆 1杯／香菜 1株／低筋麵粉 3大匙
紅椒粉 少許／炸油 適量

A｜蛋液 1/2顆份、雞湯粉 1又1/2小匙
　｜咖哩粉 1/2小匙／紅椒粉 少許
B｜美乃滋、原味優格 各1大匙

（作法）

1. 瀝乾水煮大豆。和香菜一起放入食物調理機，
   打成保留些許顆粒口感的泥狀。
2. A加入1後稍作攪拌，移至料理盆，加入低筋麵粉繼續攪拌，
   揉成直徑3cm左右的圓球（不好成型時，可再加入少量低筋麵粉）。
3. 將2放入170℃的炸油炸到變色，最後再撒點紅椒粉，佐上以B拌勻製成的沾醬。

鮪魚蒔蘿庫司庫司沙拉

（材料）容易製作的份量

庫司庫司（乾燥）250g／油漬鮪魚罐頭 1小罐（70g）
醃小黃瓜 4條／番茄乾 4塊／蒔蘿 4枝
米醋、頂級初榨橄欖油 各2大匙
狄戎芥末醬、蜂蜜 各2大匙／鹽、黑胡椒 各少許

（作法）

1. 將庫司庫司放入碗中，加少許的鹽。
   倒入250ml熱水（份量外），包覆保鮮膜，靜置4分鐘後撥鬆開來。
2. 準備另一個碗，將切成細丁的醃小黃瓜、蒔蘿，
   以及用料理剪剪成5mm塊狀的番茄乾、鮪魚（連同油）、
   剩餘的材料全部放入混合，接著再加入1拌勻。

泰式冬粉沙拉

（材料）容易製作的份量

冬粉 100g／去殼蝦 6尾（75g）／雞絞肉 50g／紫洋蔥 1/4顆
香菜（連根一起使用）1株／薑片 2片／紅辣椒 2根

A | 蝦米 20g／魚露、檸檬汁 各3大匙／砂糖 1大匙
香菜葉 適量／醬油、胡椒 各少許

（作法）

1. 洋蔥切薄片。切下香菜根部，梗葉的部分切小段。
   紅辣椒去掉蒂頭。蝦子開背，若有腸泥則需清除乾淨。
2. 把薑片、1的香菜根放入鍋中煮水滾沸，接著依序放入蝦子、絞肉
   稍作汆燙後取出。再以同鍋熱水汆燙冬粉，起鍋後瀝掉湯汁。
3. 將A放入料理盆混合，接著加入1、2拌勻。靜置10分鐘使其入味。

香菇炊飯

（材料）容易製作的份量

乾香菇（已切薄片）20g／豆皮 1片
滑菇罐頭 180g／蔥花 適量／芝麻油 1大匙／米 2杯

（作法）

1. 豆皮淋熱水去油份，切成細條狀。
2. 將洗好的米放入電子鍋，加入2杯米所需的水量。
   放入蔥花除外的所有材料，加熱烹煮。最後再撒上蔥花。

CHICKEN BREAST —— 雞胸肉

香炒甜椒雞胸

（材料）容易製作的份量

雞胸肉 1塊／甜椒（紅、黃）各1又1/2顆／萊姆 1/4顆
墨西哥玉米餅調味粉 1大匙／鹽 少許／沙拉油 1大匙

（作法）

1. 甜椒縱切成1.5cm寬的長度。
雞肉斜切成8mm厚的片狀，
與墨西哥玉米餅調味粉一起搓揉後，
靜置10分鐘。
2. 將一半的沙拉油倒入平底鍋加熱，
加入1的甜椒，撒鹽，以中火稍作拌炒後取出。
3. 將剩餘的沙拉油倒入鍋中加熱，
以中火拌炒1的雞肉，8分熟時，將2倒回，
繼續拌炒到雞肉變熟。最後佐上萊姆。

乾煎檸檬奶油雞胸

（材料）容易製作的份量

雞胸肉 1塊／鹽 1/4小匙／黑胡椒 少許
橄欖油 1大匙／檸檬切半月形 2塊

A ｜ 奶油 1大匙／黑胡椒 少許／檸檬汁 1/2大匙

（作法）

1. 將雞肉較厚的部分劃刀切開，讓厚度均勻。
兩面撒鹽與胡椒。
2. 橄欖油倒入平底鍋加熱，將1的雞皮朝下入鍋。
以較弱的中火煎10分鐘，將皮煎到變色。
差不多9分熟時，翻面繼續熱煎，接著取出備用。
3. 擦拭掉平底鍋的油垢，倒入A的奶油與胡椒，
以較弱的中火加熱。
奶油開始冒出細緻氣泡時，加入檸檬汁。
接著就可以澆淋在2，並佐上檸檬。

水煮雞胸　佐特製花生醬

（材料）容易製作的份量

雞胸肉 1塊／鹽 1/4小匙／香菜葉切小段 1株份

A ｜ 薑片 1片／香菜根 1株份
　 ｜ 大蔥綠色部份 1支份

特製花生醬：顆粒花生醬（含糖）、
水 各3大匙／三溫糖 1/2大匙／醬油 2小匙／米醋 1小匙

（作法）

1. 雞肉抹鹽，靜置10分鐘。
混合醬料的材料備用。
2. 將1的雞肉、A、水200ml（份量外）入鍋，
以中火加熱，煮滾後轉較弱的中火，汆燙5分鐘。
雞肉翻面，繼續汆燙4分鐘。直接留在鍋中放涼。
3. 將2切成適口大小，佐上1的醬料與香菜。

＊特製花生醬可存放冰箱冷藏3天。

CHICKEN THIGH —— 雞腿肉

醃泡香草檸檬雞腿

（材料）2人份

雞腿肉 1塊／鹽、黑胡椒 各少許

A | 檸檬汁 1/4顆份／迷迭香 1枝
薄蒜片 1瓣分
白酒、橄欖油 各1大匙

（作法）

1. 將雞肉撒較多的鹽與胡椒調味，置於料理盤中。澆淋拌勻的A，用保鮮膜緊密蓋住料理盤，靜置30分鐘，讓雞肉入味。
2. 烤箱預熱至220℃，撕掉保鮮膜，將1連同料理盤放入烤箱烘烤15分鐘。

糖醋食蔬雞腿

（材料）容易製作的份量

雞腿肉 1塊／洋蔥 1/2顆／青椒 4顆
太白粉 1大匙／沙拉油 2大匙／蔥白 1/4支份

A | 醬油 2小匙／薑泥、酒 各1小匙
蒜泥 1/2小匙

B | 米醋 5大匙／三溫糖 3大匙／醬油 1大匙／水 4大匙

（作法）

1. 雞肉切成適口大小。洋蔥切成半月形，青椒縱切成1.5cm寬的條狀。
2. 將A倒入塑膠袋，放進1的雞肉，醃漬10分鐘。
3. 將一半的沙拉油倒入平底鍋加熱，拌炒1的青椒與洋蔥。待洋蔥變透明後，取出備用。
4. 將剩餘的沙拉油倒入鍋中加熱，2的雞肉抹上太白粉後，以中火熱煎。將兩面煎過，裡頭變熟後，再倒入混合好的B與3，與雞肉充分拌勻。最後擺上白蔥絲。

薑汁風味雞腿

（材料）2人份

雞腿肉 1塊／洋蔥薄片 1/4顆份
太白粉、沙拉油 各1/2大匙

A | 酒 1/2大匙／鹽、黑胡椒 各少許

B | 薑泥、醬油 各2大匙
味醂 1大匙

（作法）

1. 用叉子將雞皮叉出數個洞。切半後，依序加入A的材料搓揉，並抹上太白粉。
2. 沙拉油倒入平底鍋加熱，將1的雞皮朝下入鍋，以中火熱煎。煎到變色後翻面，加入B，蓋上鍋蓋，再以小火煎2分鐘。
3. 將洋蔥加入2拌炒，待洋蔥變透明後，轉大火稍微收汁。

MINCED CHICKEN —— 雞絞肉

可樂餅

（材料）4個份

雞肉燥（參照P.42）60g／馬鈴薯 3顆
洋蔥細丁 1/4顆／沙拉油 適量
三溫糖 1大匙／炸油 適量

麵衣：蛋液 1顆份／低筋麵粉、麵包粉 各適量

（作法）

1. 馬鈴薯充分洗淨，連皮分別用保鮮膜包裹，微波加熱9～10分鐘。中間變軟後，將外皮剝掉，放入料理盆中，趁熱搗碎。
2. 沙拉油倒入平底鍋加熱，以中火將洋蔥拌炒至透明。
3. 將2、雞肉燥、三溫糖加入料理盆混合均勻，分4等份並揉成圓。
4. 將3依序沾裹麵粉、蛋液、麵包粉，以180℃的油溫炸出漂亮顏色。

蓮藕雞肉丸

（材料）6顆份

雞絞肉、蓮藕 各150g／沙拉油 1大匙

A ｜ 薑泥、雞湯粉、酒 各1小匙

（作法）

1. 將一半的蓮藕磨成泥。另一半切成7mm塊狀，浸水10分鐘後，瀝乾水分。
2. 將絞肉、1、A放入料理盆，不斷攪拌直到產生黏性，分6等份並揉成圓。
3. 沙拉油倒入平底鍋加熱，以較弱的中火熱煎肉丸兩面，待裡頭變熟後，撒鹽（份量外）即可。

馬鈴薯滷雞肉燥

（材料）容易製作的份量

新馬鈴薯 500g／雞絞肉 100g／三溫糖 3大匙
醬油 2大匙／太白粉水（太白粉 1大匙＋水 3大匙）

（作法）

1. 馬鈴薯洗淨後，連皮切半。
2. 將1放入鍋中，接著加入絞肉與400ml的水（份量外），以中火加熱。加熱時要邊將肉攪散開來，滾開後，撈除浮沫，蓋上防溢鍋蓋，烹煮10分鐘左右。
3. 將三溫糖加入2，繼續蓋上防溢鍋蓋烹煮5分鐘。接著加入醬油，再烹煮5分鐘。澆淋太白粉水，使其煮滾變濃稠。

CHICKEN FILLET —— 雞柳

芝麻香煎雞柳條

（材料）2人份

雞柳 4條／蛋白 1/2顆份
黑、白芝麻 各1大匙
低筋麵粉、鹽 各少許／芝麻油 1小匙

（作法）

1. 雞柳撒鹽，抹上薄薄一層麵粉。
2. 將1浸入打散的蛋白中，
   接著整條裹上芝麻。
3. 芝麻油倒入平底鍋加熱，
   以中火煎2，兩面總計加熱5分鐘。

棒棒雞柳

（材料）2人份

雞柳 4條／小黃瓜 2條／酒 2大匙／鹽 少許

A
白芝麻粉 2大匙
薑泥、豆瓣醬、芝麻油 各1小匙
蒜泥 1/2小匙
三溫糖、醋、醬油 各1大匙

（作法）

1. 雞柳較厚的部分以淺刀痕劃開，
   讓整片的厚度均勻。
   撒酒、鹽，放入耐熱容器，蓋上保鮮膜，
   微波加熱4分鐘。放涼後，撕成小塊。
2. 小黃瓜切成4等長後，再切成細絲。
3. 將A混合，澆淋在1、2上。

鹽炒雞柳小黃瓜

（材料）2人份

雞柳 4條／小黃瓜 2條／雞湯粉 2小匙
太白粉 1小匙／酒 1大匙／鹽、白胡椒 各少許／芝麻油 2大匙

（作法）

1. 用削皮刀削掉小黃瓜外皮，對半縱切後，
   再斜切成8mm厚的塊狀。
   雞柳同樣斜切成和小黃瓜一樣大的塊狀，
   撒鹽、胡椒，抹上太白粉。
2. 將一半的芝麻油倒入平底鍋加熱，放入小黃瓜。
   接著撒入一半的雞湯粉，
   以中火拌炒到還帶點脆度時，取出備用。
3. 將剩餘的芝麻油倒入鍋中加熱，
   放入1的雞柳、酒以及剩下的雞湯粉，
   以中火烹炒，變熟後，再倒入2的小黃瓜拌炒均勻。

SALMON —— 鮭魚

鹽味鮭魚　佐薑片蘿蔔泥

（材料）2人份

鹽味鮭魚切片 2片／酒 2小匙／醬油 依喜好

A | 蘿蔔泥 適量
　| 薑片（糖醋醃嫩薑）切粗丁 適量

（作法）

1. 在鹽味鮭魚上灑點酒，靜置3分鐘左右。
   用烤魚網燒烤鮭魚，將內部烤熟。
2. 將蘿蔔泥與薑片切粗丁以3：1比例
   調配成的A擺上1，依喜好澆淋醬油。

炸鮭魚　佐蕗蕎莎莎醬

（材料）2人份

生鮭魚切片 2片／鹽、黑胡椒 各適量
炸油 適量

麵衣：蛋液 1顆份／低筋麵粉、麵包粉 各適量

A | 水煮蛋切丁 2顆份
　| 蕗蕎切丁 10粒份
　| 巴西利碎末、鹽 各少許
　| 美乃滋 4大匙

（作法）

1. 混合A所有的材料。
2. 將鮭魚切成較大塊的適口大小後，
   撒鹽、胡椒，依序沾裹麵粉、蛋液、麵包粉。
3. 以180℃的油溫將2炸到帶有淡淡顏色，
   翻面後，繼續油炸3分鐘左右。最後佐上1。

烤香鮭

（材料）2人份

生鮭魚切片 2片／鹽、黑胡椒 各適量
白酒、橄欖油 各1大匙

A | 迷迭香 1枝／百里香 2枝／月桂葉 2片
　| 芫荽籽 1小匙／芥末籽 1/2小匙
　| 薄蒜片 1瓣份

（作法）

1. 料理盤鋪放烘焙紙，
   排列鮭魚，撒鹽、胡椒後，擺上A。
2. 將白酒與橄欖油澆淋在1上，
   烤箱預熱至220℃後，
   放入烘烤10分鐘。

SARDINES & SHRIMP —— 沙丁魚&蝦

香草麵包粉煎蝦

（材料）2人份

剝殼蝦 8尾／奶油 10g／橄欖油 1/2大匙
起司粉 適量／黑胡椒 少許／檸檬 1/8顆

A
- 橄欖油 1大匙
- 蒜末 1/2小匙／麵包粉 1/2杯
- 巴西利碎末 1大匙
- 迷迭香碎末、鹽 各少許

（作法）

1. 將A的橄欖油與蒜末倒入平底鍋，以小火加熱。飄出香氣後，再加入A剩餘的材料拌炒。麵包粉炒到變色，撒胡椒，與起司粉混合，接著取出放涼。
2. 將奶油與橄欖油倒入平底鍋加熱，放入蝦子，邊用鍋鏟按壓，邊以大火熱煎，稍微變色後，翻面繼續熱煎，讓蝦子變熟。
3. 將1撒在2上，佐以檸檬。

乾煸沙丁魚

（材料）2人份

沙丁魚（已剖開）4隻／鹽、黑胡椒、低筋麵粉 各少許
橄欖油 1大匙

A
- 綠色小番茄切丁 4顆份
- 青椒切丁 1顆份／黃甜椒切丁 1/2顆份
- 紫洋蔥切丁 1/4顆份
- 醃小黃瓜切丁 2條份
- 鹽、墨西哥辣椒切丁（或辣椒醬）各適量

（作法）

1. 將拭乾水分的沙丁魚撒鹽、胡椒。整塊抹上麵粉。
2. 橄欖油倒入平底鍋加熱，將1的魚皮朝下入鍋，以中火烹煎兩面，讓裡頭變熟。
3. 將A混合拌勻。
4. 將3澆淋在2上。

鯷魚炒綠花椰

（材料）容易製作的份量

綠花椰 1朵／油漬鯷魚菲力切丁 20g
蒜末 1瓣份／紅辣椒 1根／黑胡椒 少許
橄欖油 1大匙

（作法）

1. 將花椰菜分切成小朵，放入耐熱容器，灑1/2大匙的水（份量外）。蓋上保鮮膜，微波加熱1分30秒。
2. 將橄欖油與蒜末倒入平底鍋，以小火加熱，飄出香氣後，加入紅辣椒與鯷魚拌炒。加入1，稍作拌炒後，撒入胡椒。

海南雞飯＆多彩菜餚
可以分享BOX FOOD

MENU

1. 海南雞飯
2. 油豆腐　佐香菜肉味噌
3. 炸地瓜　佐酸奶莎莎醬
4. 涼拌胡蘿蔔

↓ P.62

如果聚會的對象都喜歡民族風，那麼可少不了這些色彩繽紛的菜餚餐盒。吸收了雞肉美味的海南雞飯、充滿魚露香氣的涼拌小菜、佐上酸甜醬汁的炸地瓜。取食過程中，還會鮮明地喚起那已忘記時間點的旅行記憶。給人日式風味的油豆腐則是以肉味噌搭配韓式辣椒醬與豆瓣醬調味。佐上大量香菜後，很不可思議地，竟然就能充滿異國香氣。

海南雞飯

（材料）2碗份

水煮雞：雞腿肉 2塊／鹽 1/2小匙
茉莉香米（亦可用一般米）2杯／香菜 2株／沙拉油 2大匙

A ｜ 薄薑片 2片／香菜根部 2株份／大蔥綠色部分 1支份

（作法）

1. 雞肉抹鹽，靜置10分鐘。
2. 將1與A入鍋，倒入可蓋過雞肉的水量（份量外），
   以中火加熱，煮滾後火候稍微轉弱，汆燙5分鐘。
   雞肉翻面，繼續汆燙4分鐘。直接留在鍋中放涼。
3. 沙拉油倒入平底鍋，拌炒茉莉香米。
   全部的米粒都裹到油後，改放入電子鍋，倒入2的湯汁。
   若不夠2杯米所需的水量，就要再加水，接著開始烹煮。
4. 將2的水煮雞切成適口大小，與3一起放入餐盒，
   佐上切小段的香菜。
   品嘗前再澆淋自己喜愛的醬汁。

魚露醬

（材料）容易製作的份量

魚露 3大匙／醬油 1大匙
檸檬汁 1小匙／薑泥 少許

（作法）

混合所有材料。

甜辣醬

（材料）容易製作的份量

甜辣醬 3大匙
萊姆汁 1大匙
薑泥 1/2小匙

（作法）

混合所有材料。

4. 涼拌胡蘿蔔食譜請參照 —— P.62

炸地瓜　佐酸奶油莎莎醬

（材料）容易製作的份量

地瓜（亦可使用紫地瓜）2條／鹽 1撮／炸油 適量
酸奶油 90ml／甜辣醬 適量

（作法）

1. 地瓜削皮，滾刀切塊。浸水10分鐘後，
   撈起並用餐巾紙拭乾水分。
2. 以160℃的油溫，將1炸15分鐘左右並撈起。
3. 油溫提高至180℃，將2放入繼續油炸後撈起。
   接著撒鹽，擺上酸奶油後，澆淋甜辣醬。

油豆腐　佐香菜肉味噌

（材料）容易製作的份量

油豆腐 2塊／雞絞肉 200g／蒜末、薑末 各1瓣份
芝麻油 2大匙／香菜切粗末、辣油 各適量

A ｜ 韓式辣椒醬 3大匙／豆瓣醬 1小匙

（作法）

1. 將一半的芝麻油倒入平底鍋加熱，以中火熱煎切成適口大小的
   油豆腐，兩面煎到熟度剛好後，取出備用。
2. 將剩餘的油倒入平底鍋加熱，放入蒜薑。
   轉小火，飄出香氣後，加入絞肉，以中火熱炒，
   肉熟後，加入A，將整個拌勻。
3. 在2擺上香菜，澆淋辣油。與1一起填放入餐盒。

BOX FOOD_10

傳說中的絕品司康
家庭派對BOX FOOD

MENU

1. 原味司康
2. 玉米炊飯
3. 香炒甜椒雞 ↓ P.71
4. 炸蘑菇火腿 ↓ P.66
5. 南瓜培根紅酒醋沙拉
6. 涼拌高麗菜 ↓ P.67

司康，是很常被點名「想再吃一次！」的料理。淡淡的甜味如果再沾點凝脂奶油，感覺就會像是在品嘗點心，但是卻又和熱炒菜餚極為相搭。使用了玉米筍的炊飯一樣展現出其特有的視覺與口感，都讓人覺得新奇，是擁有許多愛好者的一道料理。

原味司康

（材料）6顆份

無鹽奶油 80g／鮮奶油、凝脂奶油、糖漿 各適量

A	低筋麵粉 250g／泡打粉 1大匙 三溫糖 30g／鹽 1撮
B	蛋液 1顆份／牛奶 70ml

（作法）

1. 將奶油置於室溫回軟。
   混合A的所有材料並過篩。
   將B攪拌混合。
2. 奶油加入A，用手搓揉均勻，
   變得鬆散後，再加入B，
   輕輕搓揉讓麵團成塊。
3. 將麵團擀成2.5cm厚，
   用直徑5cm的模型按壓取出。
   以刷子在表面塗抹鮮奶油，
   放入預熱至180℃的烤箱烘烤20分鐘。
   佐上凝脂奶油與糖漿。

RECIPE 1. of the BOX FOOD

3. 香炒甜椒雞 —— P.70
4. 炸蘑菇火腿 —— P.66
6. 涼拌高麗菜 —— P.67

南瓜培根紅酒醋沙拉

（材料）容易製作的份量

南瓜 1/4顆／培根 4片／米醋 3大匙
鹽、黑胡椒 各少許／橄欖油 1大匙

（作法）

1. 南瓜先切成3等分，接著切成1cm厚。
   放入耐熱容器，加入3大匙的水（份量外），
   蓋上保鮮膜，微波加熱3分鐘。
2. 將培根分別切成4等分。
3. 橄欖油倒入平底鍋加熱，以小火將培根煎到變色後，
   取出備用。
4. 將1放入同個平底鍋中，撒鹽、胡椒，以中火煎到變色。
   倒回3，加醋，轉大火，
   將所有材料拌勻。

RECIPE 5. of the BOX FOOD

RECIPE 2. of the BOX FOOD

玉米炊飯

（材料）2碗份

玉米 1根／玉米筍 5～6根／米 2杯／黑胡椒少許

A ｜酒 1大匙／鹽 1小匙

（作法）

1. 將洗好的米放入電子鍋，加入2杯米所需的水量，
   接著加入A稍作攪拌。
2. 用菜刀削下玉米粒，加入1中，
   接著將長度切半的玉米梗以及
   對半縱切的玉米筍放入鍋中，開始烹煮。
3. 煮好後，撒點胡椒。

BOX FOOD_11

金平三明治＆減糖料理
野餐BOX FOOD

MENU

1. 金平牛蒡三明治
2. 烤香鮭 ↓ P.74
3. 乾煸青蔬　佐橄欖醬 ↓ P.67
4. 高湯歐姆蛋　佐蘿蔔泥
5. 炸大豆餅 ↓ P.68
6. 胡蘿蔔沙拉 ↓ P.63
7. 香雞鮮菇沙拉

這裡雖然是用「金平牛蒡」來作成三明治，不過餐盒裡的每道菜餚都能夾在三明治裡做為內餡。其中最吸引人的，應該就是歐姆蛋了吧。光是用了紅心白蘿蔔這個小巧思，就能讓人打從心裡覺得「料理真的是件很愉快的事呢」。

RECIPE 1. of the BOX FOOD

金平牛蒡三明治

（材料）容易製作的份量

牛蒡 2支／紅辣椒 2根
三溫糖、日式白高湯 各3大匙／芝麻油 1大匙
喜愛的麵包、生菜、鹽、美乃滋 各適量

（作法）

1. 將牛蒡削切成較大塊的薄片。
浸於大量的水約10分鐘。
撈起瀝乾水分。
2. 將芝麻油與去籽的紅辣椒放入平底鍋，
以小火加熱，逼出辣椒的辣度。
加入1，以較弱的中火慢慢煎到變色。
加入三溫糖，融化後再加入白高湯，
轉大火，將整個拌勻。
3. 在喜愛的麵包塗抹美乃滋，擺入生菜，
撒點鹽並夾入2的金平牛蒡。

2. 烤香鮭 —— P.74
3. 乾煸青蔬 佐橄欖醬 —— P.67
5. 炸大豆餅 —— P.68
6. 胡蘿蔔沙拉 —— P.63

香雞鮮菇沙拉

（材料）2人份

雞腿肉 1塊／蘑菇 2盒（200g）／檸檬 1/2顆
巴西利碎末 適量／鹽 1/4小匙／黑胡椒 少許
頂級初榨橄欖油 2大匙

（作法）

1. 雞肉撒鹽、胡椒。蘑菇切成薄片。
2. 橄欖油倒入平底鍋加熱，雞皮那面先入鍋，以中火熱煎。
   煎到酥脆後，翻面，繼續將裡面煎熟。
3. 將1的蘑菇、切成適口大小的2、
   平底鍋內剩餘的肉汁倒入料理盆，
   接著擠入檸檬汁攪拌混合，再撒點香芹。

高湯歐姆蛋　佐蘿蔔泥

（材料）容易製作的份量

A ｜ 蛋液 6顆份／日式白高湯 4小匙／水 4大匙／沙拉油 1大匙
蘿蔔泥（亦可使用紅心蘿蔔等）、醬油 各適量

（作法）

1. 將沙拉油倒入直徑20cm左右的平底鍋，以大火加熱，
   接著倒入充分攪拌均勻的A。
   周圍凝固後，用料理筷大幅度攪拌，並改用小火慢煎。
2. 大約8分熟的時候，用大盤子蓋住平底鍋，
   翻面倒出歐姆蛋。
   再將歐姆蛋放回平底鍋，另一面也要煎到變色。
   最後佐上蘿蔔泥與醬油。

BOX FOOD_12

絶品玉米粉麵包&自製簡單抹醬

玉米粉有個好處，那就是不用發酵，從開始料理到送入口中品嘗不會花費太久的時間。如果將剛出爐的麵包大口塞入，玉米的香甜會佈滿嘴裡。麵包的份量十足，所以吃個2塊就會很有飽足感。將烤好的玉米粉麵包冰入冷凍，還能保存1個月，可以慢慢品嘗其美味。輕鬆自製的抹醬除了能搭配玉米粉麵包享用外，當然還能拿來沾其他自己喜愛的麵包。沒時間準備餐點的早晨，只要將麵包連同抹醬用防油紙包起，就能迅速備妥簡單便當！

玉米粉麵包

（材料）約25×20×3.5cm的料理盤1片份

A | 玉米粉、低筋麵粉 各120g
泡打粉 2小匙／鹽 1/2小匙

B | 沙拉油、三溫糖 各60g／雞蛋 2顆

牛奶 200ml

（作法）

1. 混合A的所有材料並過篩。
2. 將B倒入料理盆並用打蛋器攪拌混合。加入A與牛奶，接著改用刮刀拌勻成滑順狀。
3. 在料理盤鋪放烘焙紙，倒入2。從3cm左右的高度摔放料理盤震出空氣，放入預熱至180℃的烤箱烘烤30分鐘。

鷹嘴豆泥醬

（材料）容易製作的份量

鷹嘴豆水煮罐頭 1罐（400g）

A | 顆粒花生醬（含糖）、
檸檬汁、頂級初榨橄欖油 各2大匙
大蒜 1/2瓣
紅椒粉、鹽、白胡椒 各少許

（作法）

1. 撈取鷹嘴豆，將湯汁與豆子分開。將1的豆子與A倒入食物調理機打成泥狀。
2. 過程中若水分不足，可逐次少量添加1的湯汁。嘗看看味道，不足時可添加鹽、胡椒（皆為份量外）調整，最後再澆淋橄欖油、紅椒粉（皆為份量外）。

果乾堅果奶油醬

（材料）容易製作的份量

發酵奶油 60g／喜愛的果乾、堅果 20g

（作法）

奶油置於常溫回軟，與果乾、堅果混合。

醃牛肉&奶油乳酪醬

（材料）容易製作的份量

醃牛肉、奶油乳酪 各50g／黑胡椒 少許

（作法）

混合醃牛肉與奶油乳酪，撒上胡椒。

FAVORITE TOOL ｜ 美奈子的愛用器具

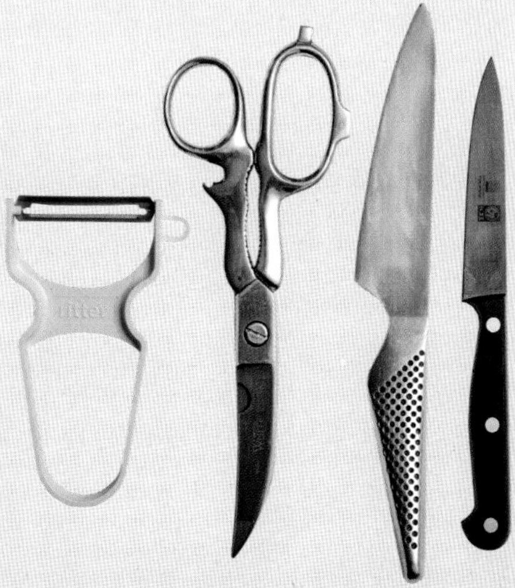

從右開始為「ICEL TECHNIK」與「GLOBAL」的水果刀、「WILLIAM WHITELEY」的廚房用剪刀、「Ritter」的削皮刀。「設計簡單的器具才能常保整潔」。

準備大小不同尺寸的砧板。木製砧板我使用的是每塊皆手工製成的「NUSHISA」產品。「EAトCO」樹脂製黑砧板「下刀時的觸感柔和，用起來非常上手」。

會讓人有外燴氛圍的牛皮紙午餐盒。「如果要使用便當盒，我會推薦能襯托菜餚顏色的不鏽鋼、琺瑯材質或亮白色的餐盒。

色彩繽紛的食材總是扮演著主角，所以我選用了能襯托食材，簡單基調的調理工具。
就算處理外燴大單也能輕鬆搞定。我自己會挑選沒有過多功能，每個環節都很堅固的工具。

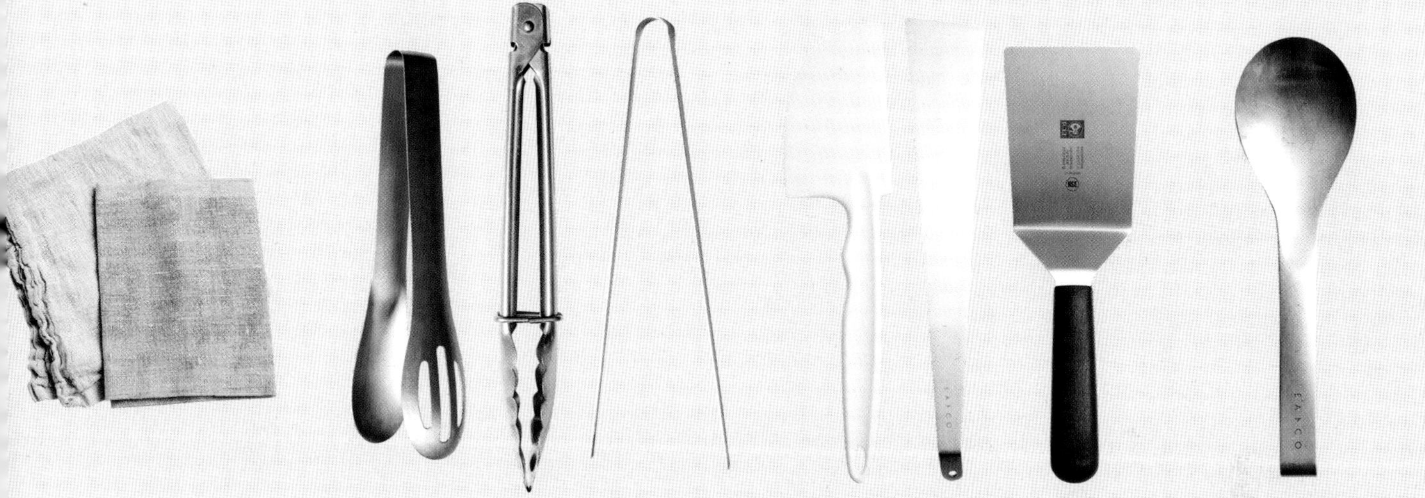

在東京・千駄ヶ谷「LABOUR AND WAIT TOKYO」購買的純麻布。前面這塊是新買的，後面的則有實際使用過。

比起料理筷，我更愛用料理夾。左右兩邊都是「EAトCO」的產品。右邊較細的料理夾使用上就像是手指延伸出去的感覺，我非常喜歡。中間是「工房アイザワ」的產品。「基本款中的基本款果然還是好用呢」。

鏟子我會選用耐熱的不鏽鋼材質。厚度薄、可彎折的鏟子使用上相當便利。從右開始為「ICEL TECHNIK」與「EAトCO」的鏟子。握把經設計，相當好握持的刮刀則是「Cuisinart（美膳雅）」的產品。

「EAトCO」的公匙，既能用來分菜，也能在做料理時使用。匙柄設計為彎鉤狀，所以能掛在大鍋子的鍋緣處，非常方便。

BOX FOOD 依食材 INDEX

※使用炒蔬菜丁（P.36）、炒蔬菜（P.36）、鮮奶油醬（P.16）、茼蒿青醬（P.16）、特製番茄醬（P.16）之食譜請分別參照各料理說明。

TITLE

窈窕健美輕蔬食 Box Food

STAFF

出版	瑞昇文化事業股份有限公司
作者	田中美奈子
譯者	蔡婷朱
總編輯	郭湘齡
責任編輯	蕭妤秦
文字編輯	張聿雯
美術編輯	許菩真
排版	二次方數位設計　翁慧玲
製版	明宏彩色照相製版有限公司
印刷	桂林彩色印刷股份有限公司
法律顧問	立勤國際法律事務所　黃沛聲律師
戶名	瑞昇文化事業股份有限公司
劃撥帳號	19598343
地址	新北市中和區景平路464巷2弄1-4號
電話	(02)2945-3191
傳真	(02)2945-3190
網址	www.rising-books.com.tw
Mail	deepblue@rising-books.com.tw
初版日期	2021年9月
定價	280元

ORIGINAL JAPANESE EDITION STAFF

発行人	濱田勝宏
撮影	田村昌裕（FREAKS）
スタイリング	荻野玲子
取材・文	福山雅美
ブックデザイン	直井忠英、永田理沙子（ナオイデザイン室）
校閲	みね工房
編集	鈴木理恵（TRYOUT）
	加藤風花（文化出版局）

國家圖書館出版品預行編目資料

窈窕健美輕蔬食Box Food/田中美奈子作；蔡婷朱譯. -- 初版. -- 新北市：瑞昇文化事業股份有限公司, 2021.08
96面；21 x 14.8公分
譯自：ケータリング気分のBox Food：野菜たっぷり!いつもの食材で、新しいお弁当。
ISBN 978-986-401-509-2(平裝)
1.食譜

427.1　　110011432